사람과
나무사이

저자 서문

저는 늘 "식물의 신비한 매력에 빠져보시겠어요?"라며 권합니다. 그러면 사람들은 대부분 "어떻게 하면 되는데요?"라고 묻습니다. 저는 "식물이 살아가는 법을 배우면 됩니다"라고 명쾌하게 알려드립니다. 그러면 다시, "그걸 어떻게 배우면 되는데요?"라는 물음이 되돌아옵니다.

그래서 저는 '몇 가지 키워드'를 중심으로 식물과 가까워지는 방법을 소개하면 좋겠다고 생각했습니다. 이 책이 바로 키워드를 통해 식물의 신비한 힘과 매력을 배워나가는, 쉽고 친근한 식물학 입문서입니다.

'키워드'라고 하니 처음부터 어렵게 들리나요? 키워드의 사전적 정의 등 복잡한 생각은 건너뛰세요. 키워드는 '의문'이나 '신비로움'을 탐색하며 나아가기 위한 징검다리 같은 것입니다. 이들을 알아가면서 그동안 내가 품고 있던 궁금함, 신비로움이 풀리고 감춰져 있던 구조를 이해할 수 있게 됩니다. 실로 '마법 같은 단어'가 바로 키워드입니다.

저는 이 책에서 여러 가지 키워드를 선별해서 그것을 크게 세 그룹으로 구분했습니다.

첫째는 식물의 조직과 기관, 그리고 그 부분을 나타내는 명칭입니다. 예를 들어 제2장에서 소개하는 것으로, 잎의 중간구조를 이루는 '책상조직(palisade tissue, 울타리조직)'이나 '해면조직(spongy tissue)' 등이 있습니다. 낯설고 무미건조하게 느껴지는 단어지만 각각 중요한 역할을 하는 부분의 명칭입니다. 식물이 살아가는 법을 이해하기 위해서는 그들의 움직임과 역할을 반드시 알아야 합니다.

한편 단어의 의미를 곰곰이 음미할수록 재미있어지는 것도 있습니다. 예를 들어 제1장에서 소개하는 '수염뿌리'는 말 그대로 '수염 같은 뿌리'라는 의미인데, 그 형태가 진짜 수염이 난 모양과 닮아 있습니다.

둘째는 물질의 명칭입니다. 제1장에서 제시한 '에틸렌'이 그 한 예입니다. 에틸렌은 식물이 '접촉' 자극을 느끼면 줄기를 통통하고 짧아지게 만드는 물질입니다. 그래서 살살 만지며 키운 식물이 더 크고 아름다운 꽃을 피운다는 현상을 이끌어냅니다. 또한 에틸렌은 제4장에서 다룬 것처럼 과일을 숙성시키는 역할도 합니다. 따라서 에틸렌을 알면 식물을 더욱 흥미로운 눈으로 바라보게 될 것이고 식물에 대한 지식은 확장될 것입니다.

또 제3장에서 소개하는 '안토시아닌'도 한번 살펴볼까요? 안토시아닌은 적색이나 청색 꽃의 색소를 말하는데, 꽃잎에 존재하며 꽃을 아름답게 장식하는 역할을 합니다. 그뿐 아니라 꽃 속에 생겨나는 종자를 자외선으로부터 지켜줍니다. 즉, 자외선이 종자에 피해를 주지 않도록 방어하는 역할을 하는 색소입니다. 안토시아닌은 블루베리나 붉은 와인, 적양배추 등에도 있으며 우리 건강에 큰 도움을 줍니다. 따라서 이 한 단어를 알게 됨으로써 식물이 살아가는 법은 물론 식물과 우리 생명이 어떻게 연결되는지도 이해할 수 있습니다.

셋째는 식물의 삶을 상징하며 식물 재배에 활용할 수 있는 성질이나 작용을 나타내는 단어입니다. 제3장에 나오는 단어 가운데 '광주기성(光週期性)'이 있습니다. 이는 식물이 낮과 밤의 길이에 반응하는 성질을 의미하는데, 많은 식물이 꽃봉오리를 만들 때 이 성질을 이용합니다. 광주기성이라는 키워드를 이해하면 이후 이 단어 자체는 잊더라도 '꽃봉오리는 낮과 밤의 길이에 반응해 형성된다'라는 성질은 기억날 것입니다.

광주기성과 연결 지어 하나 더 예를 들어보겠습니다. '전조재배(電照栽培)'라는 키워드가 있습니다. 이는 인공조명을 활용해 밤낮의 길이를 조절함으로써 1년 내내 꽃봉오리가 만들어지도록 하는 재배 방법입니다. 바로 식물의 광주기성을 이용해 꽃 피는 시기를 조절하는 방법으로, 이 키워드를 알면 왜 온실에 조명을 비추어 두는지 이해할 수 있습니다.

이 책에서 소개하는 마법 같은 키워드를 통해 식물의 삶과 구조

그리고 식물 재배를 위한 노력과 고민을 이해하는 동안 식물에 대한 흥미가 높아지길 바랍니다. 그 과정에서 분명 식물이 지닌 신비한 힘과 매력에 빠져들 것입니다.

다나카 오사무

차 례

제2장 광합성은 잎 속 어디에서 이루어질까?

Section 1 광합성을 알아보자

Section 2 광합성으로 식물을 분류한다

제3장 꽃봉오리는 어떤 원리로 열리고 닫힐까?

Section 1 꽃봉오리의 형성

Section 2 개화

제4장 바나나는 어쩌다 '씨 없는 과일'이 되었나?

Section 1 수분에서 수정까지

Section 2 과실과 씨앗의 형성

제5장 나팔꽃 씨앗이 단단한 껍질을 갖게 된 까닭은?

Section 1 씨앗과 새싹의 휴면과 발아

Section 2 불편한 환경과의 싸움

씨앗에서 막 움튼 새싹을 본 적 있는가?
얼핏 보기에 새싹은 특별히 눈을 사로잡을 것 없이 평범하다.
그렇지만 어떤 싹이든 좀 더 관심을 가지고 들여다보자.
이런저런 궁금증이 잔뜩 생겨나며
새싹의 모습에 감춰진 다양한 성질이나 구조가 점점 신경 쓰일 것이다.

- 왜 이런 모습일까?
- 왜 단단한 뼈도 없이 잘 서 있을까?
- 왜 줄기는 흙을 밀어젖히며 올라왔을까?
- 왜 잎은 녹색일까?
- 왜 줄기는 위를 향해 자랄까?
- 왜 뿌리는 밑으로 뻗어나갈까?

제 1 장

뼈가 없는 식물이 위로 곧게 자라는 이유

1-1 소나무는 쌍떡잎식물일까, 외떡잎식물일까?

식물의 씨앗이 발아해서 처음 나오는 잎을 '떡잎'이라고 한다. 나팔꽃, 해바라기, 대두, 무처럼 떡잎이 두 개 나오면 쌍떡잎식물, 벼, 백합, 옥수수처럼 떡잎이 한 개 나오면 외떡잎식물이다.

그렇다면 소나무는 쌍떡잎식물일까, 외떡잎식물일까? 소나무는 쌍떡잎식물도 외떡잎식물도 아니다. 왜냐하면 소나무는 겉씨식물이기 때문이다.

꽃을 피워서 씨앗을 만드는 식물은 크게 겉씨식물과 속씨식물 그룹으로 나뉜다. 그리고 속씨식물은 쌍떡잎식물과 외떡잎식물로 나뉜다. 겉씨식물은 쌍떡잎식물과 외떡잎식물로 구분하지 않기 때문에 쌍떡잎식물도 외떡잎식물도 아니다.

쌍떡잎식물과 외떡잎식물은 떡잎 개수만 다른 것이 아니라 잎에 분포된 잎맥 상태도 다르다. 쌍떡잎식물의 잎맥은 그물모양, 외떡잎식물의 잎맥은 평행으로 쭉 뻗은 모양이다.

쌍떡잎식물과 외떡잎식물의 차이는 뿌리에서도 확인할 수 있다. 쌍떡잎식물의 뿌리는 두툼한 원뿌리(주근)가 똑바로 뻗어 있고 그 주변으로 곁뿌리(측근)가 갈라져 나가듯 뻗어간다. 그에 비해 외떡잎식물의 뿌리에는 원뿌리나 곁뿌리가 없다. 대신 수염뿌리라고 불리는 뿌리가 줄기 밑에서부터 흙 속으로 가늘고 넓게 퍼지며 자란다. 수염뿌리는 대부분 두께가 거의 같다.

원뿌리, 곁뿌리, 수염뿌리에는 얇은 털 같은 것이 많이 나 있는데 이것을 뿌리털(근모)이라고 한다. 뿌리털은 흙의 자그마한 입자 속으로 파고들어 물이나 양분을 흡수한다. 그래서 뿌리털이 많으면 뿌리와 흙이 접촉하는 면적이 넓어져 뿌리가 물과 양분을 많이 흡수할 수 있다.

• 꽃 구조의 차이

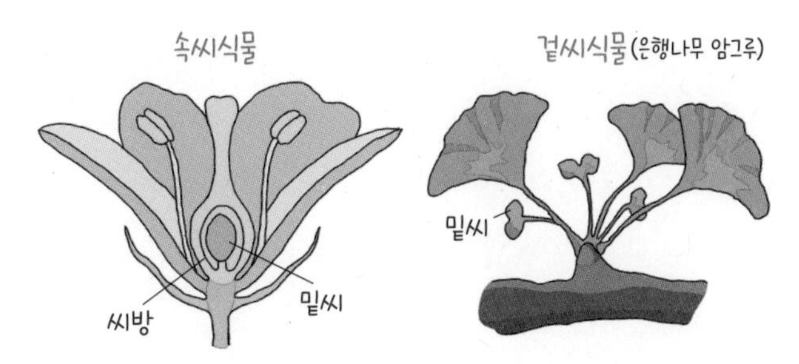

속씨식물은 암술 아래쪽이 부풀어 있는데 이 부분이 '씨방'이다. 씨방은 씨앗이 되는 '밑씨'를 감싸고 있다. 하지만 겉씨식물은 밑씨가 씨방 속에 있지 않고 겉에 드러나 있다.

• 쌍떡잎식물과 외떡잎식물의 차이

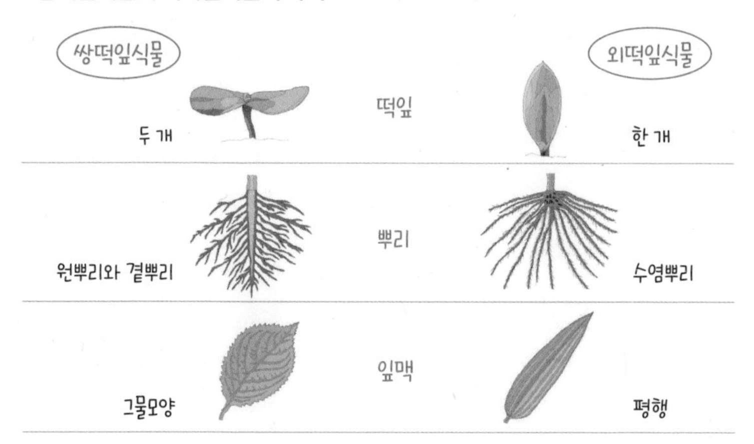

1-2 모든 세포는 세포에서 생겨난다고?

인간의 몸은 60조 개 정도의 세포로 이루어져 있다고 한다. 식물의 몸은 어떨까? 식물의 몸 역시 세포로 이루어져 있다. 이러한 사실을 어떻게 알게 되었을까?

와인 병마개 등에 쓰이는 '코르크'라는 가볍고 부드러운 소재가 있다. 이것은 남유럽이 원산지인 코르크참나무(Quercus suber)의 나무껍질로 만든 것이다. 1665년 영국 물리학자이며 천문학자인 로버트 훅은 다른 목재와 달리 가볍고 부드럽고 탄력 있는 코르크에 주목했다.

훅은 직접 렌즈를 조합해서 만든 현미경으로 얇게 자른 코르크 조각을 관찰해보았다. 그 결과 코르크는 벌집처럼 가운데가 비어 있는 수많은 작은 방으로 이루어졌음을 발견했다. 그는 이 작은 방 같은 것을 '셀(cell)'이라고 명명했다. 우리가 '세포'라고 부르는 이것이 식물의 몸을 만드는 기본단위라는 것을 당시에는 인식하지 못했다.

훅이 이름 붙인 셀이 탄생하고 170여 년이 지난 1838년, 독일 식물학자 마티아스 야코프 슐라이덴이 '식물의 몸은 세포로 이루어져 있다'고 주장했다. 이듬해 슐라이덴의 친구인 독일 동물학자 테오도르 슈반은 '동물의 몸도 세포로 이루어졌다'고 주장했다.

이 두 사람의 생각에 기초해 '세포가 식물과 동물의 몸을 구성

하는 기본단위다'라는 세포설이 확립되었다. 그 후 '모든 세포는 세포에서 생겨난다'라는 생각이 세포설에 더해졌다.

• 로버트 훅이 본 코르크 세포와 그의 현미경

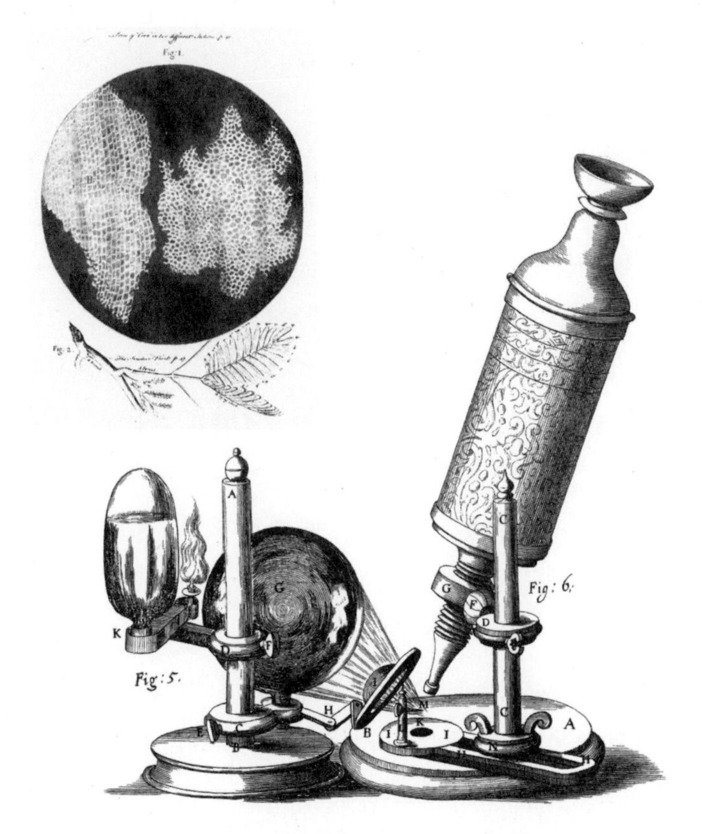

작은 방처럼 보인 것은 가운데가 빈 죽은 세포였기 때문이다. 즉 세포의 내용물은 사라지고 세포를 감싸면서 존재하는 '세포벽'만 남아 있었던 것이다.
출전: R. Hooke. *Micrographia: or some physiological of minute bodies.*(1665)

1-3 식물은 뼈가 없는데, 어떻게 위로 곧게 자랄까?

인간이 똑바로 설 수 있는 것은 단단한 뼈가 지탱하기 때문이다. 반면 식물에게는 이러한 뼈가 없다. 그런데도 식물은 서 있다. 지탱해주는 뼈도 없는데 어떻게 곧게 위로 자랄 수 있을까? 참으로 신기한 일이다.

뿌리가 땅 밑에서 식물이 쓰러지지 않도록 지지하며 받치고 있을까? 뿌리가 이런 역할을 하는 것은 사실이다. 그런데 뿌리를 잘라낸 후 식물 줄기를 땅에 꽂아도 식물은 꼿꼿이 서 있다. 이는 줄기 자체에 서 있을 수 있는 구조가 갖춰져 있음을 알려준다.

세포설이 밝힌 것처럼, 식물의 몸을 구성하는 잎, 줄기, 뿌리 등은 모두 세포로 이루어져 있다. 한데 식물의 세포는 인간을 비롯한 동물의 세포와 구조적으로 큰 차이가 있다.

동물의 세포는 '세포막'이라는 얇은 막이 둘러싸고 있다. 그에 비해 식물의 세포는 '세포벽'이라는 두껍고 튼튼한 칸막이 같은 벽이 둘러싸고 있고 그 안쪽에 세포막이 있다. 즉, 식물의 세포는 동물의 세포에는 없는 단단한 세포벽을 가지고 있는 것이다.

세포벽은 세포 속 핵이나 엽록체 등을 보호하는 역할과 동시에 식물의 몸을 지지하는 역할을 한다. 세포벽의 주성분은 셀룰로오스(cellulose)라는 물질이다. 그리고 세포벽에 포함된 리그닌(lignin)이라는 물질의 양이 증가하면 세포벽이 더 강해진다.

식물은 단단한 세포벽을 가진 세포를 겹쳐 쌓아 올려서 몸을 지탱한다. 이 덕분에 식물은 뼈가 없어도 똑바로 설 수 있고 키를 키우며 자랄 수 있는 것이다.

• **식물의 세포**

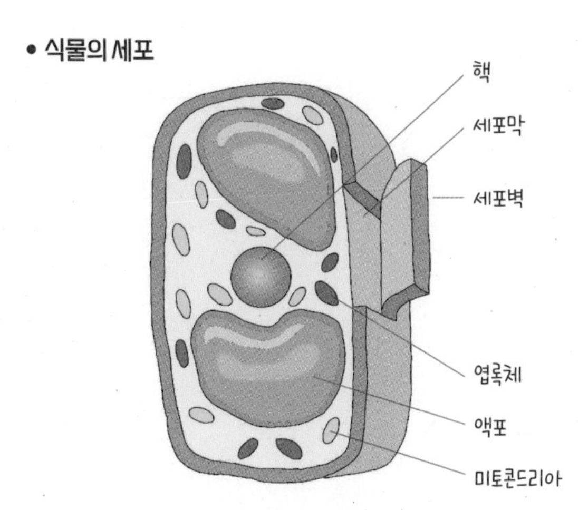

미토콘드리아는 호흡을 담당하는 기관이다.

• **수박의 원형질체**

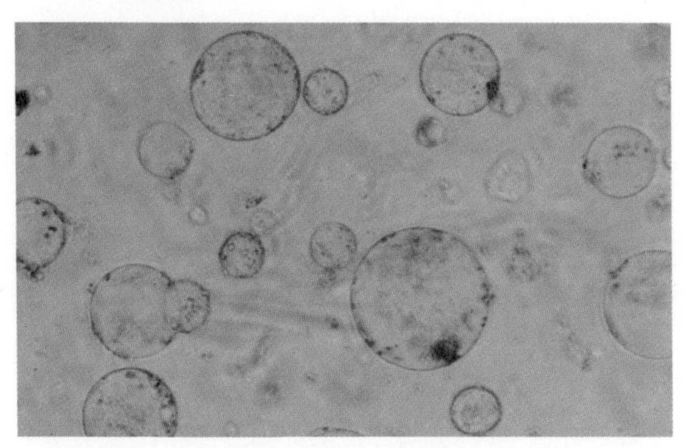

식물의 세포에서 세포벽을 제거하면 둥근 공 모양 세포가 된다.
이를 '원형질체(protoplast)'라고 한다.

1-4 식물의 잎은 왜 녹색으로 보일까?

많은 식물의 잎은 녹색을 띤다. 잎 속에 녹색 물질이 포함되어 있기 때문인데 이 물질은 잎에서 쉽게 제거할 수 있다. 알코올에 잎을 담그기만 하면 된다. 그러면 잎의 녹색이 알코올에 천천히 녹는다.

잎의 녹색이 알코올에 완전히 녹으면 잎은 하얀색, 알코올은 녹색이 된다. 알코올을 녹색으로 만든 것이 바로 잎 속에 들어 있던 녹색 물질, 클로로필(chlorophyll)이다. 클로로필은 흔히 '엽록소'라고 불린다.

클로로필처럼 물질의 색깔을 결정하는 성분을 '색소'라고 한다. 클로로필은 녹색을 띠게 하는 성분이므로 녹색 색소라 할 수 있다. '잎이 녹색으로 보이는 것은 클로로필이라는 녹색 색소가 포함되었기 때문'이다.

그런데 빛이 닿지 않는 컴컴한 곳에서 이 물질은 녹색이 아니다. 이는 곧 빛이 닿아야 녹색으로 보인다는 말인데, 그렇다면 '왜 클로로필은 빛이 닿으면 녹색으로 보일까?'를 생각해봐야 한다.

우리가 보통 '빛'이라고 하는 태양빛, 형광등, 백열등 등은 백색광이다. 백색광은 다양한 파장이 합쳐진 것이며 우리는 파장이 다른 빛을 서로 다른 색깔로 인식한다. 이를 흔히 '무지개의 일곱 빛깔'로 표현하지만 각각의 색을 나누는 경계가 없기 때문에 여섯 혹은 다섯 빛깔로 구분할 수도 있다. 이들 색은 크게 청색, 녹색, 적색으로 나눌 수 있다. 이 세 가지 색을 '빛의 3원색'이라고 하며, 이 세 가지 빛의 색이 다 섞이면 백색광이 된다.

식물의 잎에 빛이 닿으면 클로로필은 녹색으로 보인다. '왜 녹색으로 보일까?' 뒤에서 좀 더 생각해보자.

• 백색광에 포함된 빛

• 빛의 3원색

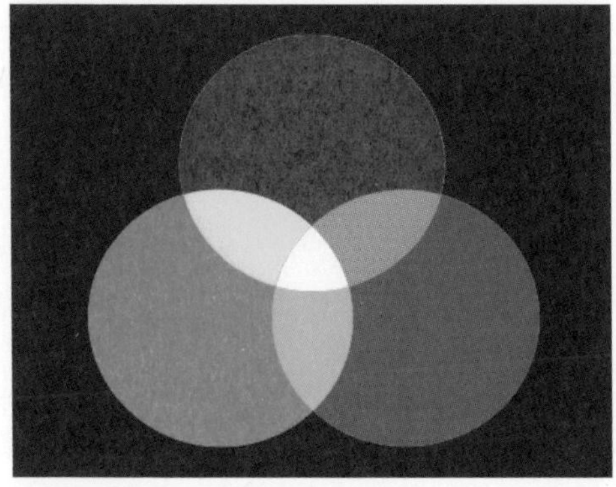

빛의 3원색을 모두 섞으면 백색광이 된다.

1-5 식물 잎이 어둠 속에서 녹색으로 보이지 않는 이유

어두운 장소에서 식물의 잎은 녹색을 띠지 않는다. 이는 곧 잎이 그 자체로 녹색 빛을 내는 게 아니라는 말이다. 백색광이 비추어야 잎은 녹색으로 보인다.

백색광 속에는 청색광, 녹색광, 적색광의 3색 빛이 섞여 있다. 따라서 '잎은 왜 녹색일까?'라는 질문은 '잎은 청색광, 녹색광, 적색광의 3색 빛이 섞인 백색광이 비추면 왜 녹색으로 보일까?'라는 구체적인 질문으로 바꿀 수 있다.

그 답은 클로로필이 가지고 있다. 클로로필은 '백색광에 포함된 청색광과 적색광은 적극적으로 흡수하지만 녹색광은 대부분 흡수하지 않는다.' 클로로필이 흡수하지 않은 녹색광은 반사되거나 그대로 빠져나간다.

백색광이 닿은 잎을 위에서 보자. 청색광과 적색광은 잎에 흡수되어 반사되지 않으므로 우리 눈에 도달하지 않는다. 그러므로 잎은 청색이나 적색으로 보이지 않는다. 반면 잎에 닿은 녹색광은 반사되어 우리 눈으로 들어오기 때문에 잎은 녹색으로 보인다.

그렇다면 잎을 밑에서 보면 어떻게 될까? 백색광 속 청색광과 적색광은 잎에서 흡수되어 밑으로 빠져나가는 것이 없다. 그러므로 잎을 밑에서 보더라도 청색이나 적색으로 보이지 않는다. 한편 잎 속으로 흡수되지 못하는 녹색광의 일부는 반사되고 일부는 잎을 통과해 빠져나간다. 그러면 잎을 통과한 녹색광이 우리 눈에 도달하므로 식물의 잎은 위에서 봐도 밑에서 봐도 녹색으로 보인다.

• **잎이 녹색으로 보이는 이유**

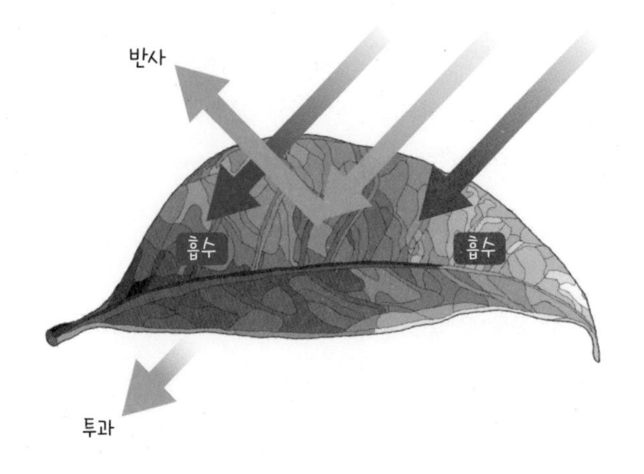

잎은 어둠 속에서는 녹색으로 보이지 않는다. 만약 잎이 녹색을 발광한다면 어둠 속에서도 녹색으로 보여야 한다. 잎은 백색광이 닿아야 녹색으로 보인다. 이는 잎에 포함된 클로로필이 '백색광 속 청색광과 적색광을 흡수'하는 성질 때문으로, 클로로필이 흡수하지 않는 백색광 속 녹색광만 반사되거나 투과되어 우리 눈에 도달하게 된다. 그래서 잎이 녹색으로 보이는 것이다.

1-6 새싹이 위아래를 구분하는 능력이 있다고?

햇빛이 환히 비추는 곳에서 씨앗이 싹을 틔우면 새싹은 반드시 위를 향해 자란다. 씨앗에는 싹이 나오는 부분이 정해져 있다. 그렇다면 작디 작은 씨앗을 심으면서 의식적으로 싹이 나오는 부분이 위를 향하도록 심은 결과일까? 그렇지 않다.

따라서 씨앗이 발아할 때 싹이 트는 곳은 위가 될 수도 있고 아래가 될 수도 있다. 그러나 모든 새싹은 반드시 위를 향해 자란다. 갓 나온 싹에 무슨 일이 벌어지는 걸까?

싹을 틔워 얼마간 자란 식물을 상자에 넣고 상자 옆면에 작은 구멍을 뚫어 그 구멍으로만 빛이 들어가게 장치한다. 며칠 뒤 살펴보면 상자 속에서 식물 줄기는 빛이 들어오는 방향으로 휘어져 자란다. 그렇다면 '새싹이 위로 자라는 것은 햇빛이 위에서 내리쬐기 때문'일까?

새싹은 컴컴한 어둠 속에서도 위를 향해 자란다. 빛을 완전히 차단한 상자에서 키우는 콩나물을 생각해보자. 빛이 없어도 콩나물은 위로 자란다. 흙 속에 심은 씨앗도 마찬가지다. 빛이 새 들지 않는 흙 속에서 새싹은 흙을 밀쳐내고 위를 향해 올라온다.

이는 새싹이 빛과 상관없이 위아래를 구분하는 능력이 있음을 말해준다. 새싹을 흙 속에서 꺼내 빛을 차단한 채 수평으로 눕혀 놓으면 곧 줄기 끝이 위쪽으로 휘어지며 자라는 것을 관찰할 수 있다. 만일 이 실험을 우주 공간에서 하면 싹은 위로 휘어지지 않고 눕혀놓은 방향으로 자란다. 다시 말해, 중력이 작용하지 않는 곳에서 식물의 싹은 위를 향해 자라지 않는다는 것이다.

정리하면 이렇다. 식물의 싹은 중력에 반응해 위로 자란다. 중력은 잘 알다시피 지구가 물체를 잡아당기는 힘이다. 식물이 외부 자극을 받아 움직일 때 자극 방향에 의해 식물의 움직임이 영향받는 것을 '굴성'이라고 한다. 그리고 중력에 의해 굴성이 일어나는 경우, 즉 중력이 자극원일 때 이를 '중력굴성'이라고 한다.

새싹은 중력 방향으로 자라는 것이 아니라 중력과 반대 방향으로 자란다. 이런 것은 '음성 중력굴성'이다.

• 빛이 비추는 곳에서 자라난 새싹을 빛을 차단한 채 눕혀놓았을 때의 성장

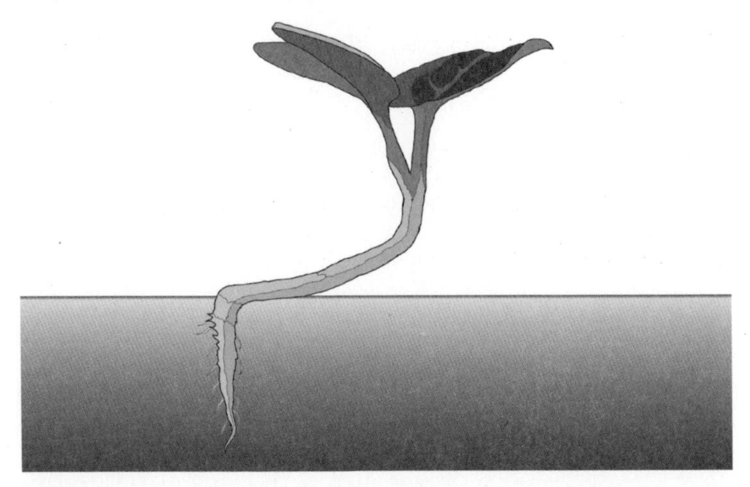

새싹에는 빛이 비추는 방향으로 자라는 '광굴성'과 중력의 반대 방향으로 자라는 '음성 중력굴성'이 있다.

1-7 무엇이 뿌리를 '아래'로 자라게 할까?

새싹이 위를 향해 자라는 반면 뿌리는 반드시 아래를 향해 자란다. 흙을 밀어 올리고 새싹 대신 뿌리가 나오는 경우는 없다.

뿌리는 어떻게 위아래를 구분할까? 흔히 '뿌리는 빛을 피하는 방향으로 자란다'라고 한다. 그래서 빛이 위에서 비추기 때문에 뿌리는 아래로 자란다고 생각하기 쉽다.

하지만 빛이 없는 어둠 속에서도 뿌리는 아래로 자란다. 그러므로 뿌리가 빛을 피하는 방향으로 자라는 것은 아니다. 그러면 무엇이 뿌리를 아래로 자라게 할까?

뿌리 또한 중력을 느낀다. 뉴턴은 사과나무에서 사과가 떨어지는 것을 보며 '왜 사과는 아래로 떨어질까?'라는 질문을 파고들었다. 그러고는 지구의 중력을 깨달았다. 뉴턴이 식물 뿌리를 보고 '왜 뿌리는 아래로 자랄까?'라고 의문을 품은 후 중력을 깨달았다면 '식물이 중력을 느끼는 감각'이 널리 알려지지 않았을까?

뿌리에는 중력을 느끼고 그 방향으로 자라는 성질이 있다. 따라서 새싹을 흙에서 꺼내 컴컴한 곳에 수평으로 눕혀놓으면 뿌리 끝이 휘면서 아래로 자라기 시작한다.

줄기는 중력과 반대 방향으로 자라므로 '음성 중력굴성'을 가진다. 뿌리가 아래로 자라는 성질 역시 중력에 영향을 받은 것이므로 '중력굴성'인데, 뿌리는 새싹과 달리 중력 방향으로 자란다. 그래서 이를 '양성 중력굴성'이라고 한다.

식물이 지구 중력 방향으로 자라는 성질을 '굴지성'이라고도 한다. 중력이 작용하는 방향으로 자라는 뿌리는 '양성 굴지성', 중력과 반대 방향으로 자라는 새싹, 줄기 등은 '음성 굴지성'을 지녔다고 말할 수 있다.

• 굴성의 예

자극	성질	예
중력	중력굴성	뿌리(양성), 줄기(음성)
빛	광굴성	뿌리(음성), 줄기(양성)
접촉	접촉굴성	덩굴손(양성)
물	수분굴성	뿌리(양성)
화학물질	화학굴성	꽃가루관(양성)

식물이 외부 자극에 의해 움직이는 성질에는 '굴성'과 '경성'이 있다. 굴성은 식물이 외부 자극을 받아 움직일 때 자극 방향에 의해 식물의 움직임이 영향받는 성질이다. 뒤에서 자세히 다룰 경성은 외부 자극 방향에 영향받지 않고 식물이 일정한 방향으로 움직이는 성질이다.

1-8 식물이 흙을 떠밀고 나올 수 있게 하는 물질, '에틸렌'

콩나물은 싹을 틔운 후 줄기가 가늘고 길게 자란다. '왜 콩나물 줄기는 가늘고 길게 자랄까?'라고 물으면 '빛을 차단한 컴컴한 환경에서 키웠기 때문'이라고 흔히 답한다.

이 답이 틀린 것은 아니다. 그런데 생각해보자. 씨앗이 묻힌 흙 속도 무척 어둡다. 그렇다면 흙 속에서 발아한 싹도 가늘고 길게 자랄까?

흙 속에서 자라난 새싹을 지표면으로 나오기 직전에 파내면 그 줄기가 짧고 통통하고 튼실하게 성장한 것을 볼 수 있다. '어둠 속에서 줄기는 가늘고 길게 자란다'라는 특징도 흙 속 어둠이라면 예외가 되는 것이다.

콩나물 재배상자에서 발아한 싹은 어둠 속에서 아무것도 없는 공간으로 줄기가 뻗어간다. 반면 흙 속 어둠에서 발아한 싹은 흙과 '접촉'하는 자극을 느끼며 자라난다. 싹이 흙과 '접촉'하는 자극을 느낄 때 줄기는 짧고 통통하고 튼실해진다.

흙 속에서 발아한 새싹은 빛이 직접 닿는 지상으로 나오기 위해 위에 덮인 흙을 밀어젖혀야 한다. 싹이 흙을 떠밀고 올라오려 할 때 싹을 덮고 있는 흙이 많으면 많을수록 줄기는 강한 '접촉'을 느끼며 점점 더 강해진다. 흙을 밀어젖히고 나올 수 있을 만큼 튼튼하게 자라는 것이다.

식물이 '접촉' 자극을 느끼면 몸에서 '에틸렌(ethylene)'이라는 기체가 발생한다. 에틸렌은 줄기가 길게 자라나지 못하도록 억제하는 대신 몸을 통통하게 만든다. 흙 속에서 자라난 싹의 줄기가 짧고 튼실하게 성장해 흙을 떠밀고 올라올 수 있는 것은 바로 에틸렌의 작용 덕분이다.

한편 바람 또한 식물의 줄기를 짧고 통통하게 만든다. 식물은 바람이 불면 '흔들림'이라는 자극을 느낀다. 흔들리는 자극도 에틸렌을 발생시키기 때문에 바람에 흔들리는 가운데서도 줄기가 짧고 통통해진다. 바람뿐 아니라 접촉에 의해 흔들리면 식물에게는 '흔들림'과 더불어 '닿는' 자극까지 더해져 줄기가 키는 크지 않지만 통통하게 자란다.

• **'접촉'을 느낀 나팔꽃 새싹**

매일 만져준 새싹

매일 적당히 건드려준 새싹

만지지 않은 새싹

출전: 다나카 오사무 『꽃의 신비로움 100』(SB크리에티브, 2009년)

1-9 식물을 쓰다듬어주면 튼튼하게 자란다고?

앞서 소개한 식물이 '접촉'을 느끼는 자극을 '접촉자극'이라 부른다. 그런데 접촉자극으로 줄기가 짧고 튼튼하게 자라는 식물의 성질을 우리는 흔히 잘못 이해하고 있다. 즉 '상냥하게 말을 건네며 식물을 키우면 아름다운 꽃이 핀다'라고, 마치 식물이 다정한 말을 알아듣거나 그러한 감정이 식물에게 전해진다고 생각하는 것이다. 실망스럽게도, 식물은 상냥한 말을 들었기 때문에 특별히 예쁜 꽃을 피우지는 않는다.

하지만 주위에 이러한 경험을 한 이들이 제법 있다. 식물에게 좋은 말을 해주고 칭찬해주었더니 평상시보다 훨씬 더 아름다운 꽃을 피웠다고 말이다. 만일 그런 경험을 이야기하면, "식물에게 상냥한 말을 건네면서 쓰다듬어주지는 않았나요?"라고 물어보자. 분명 반려동물에게 그러하듯 식물을 만져주며 키웠을 것이다.

식물의 잎과 줄기를 만지면 식물은 접촉자극을 느낀다. 그러면 식물 몸에서 에틸렌이 발생한다. 이미 살펴봤듯이, 에틸렌은 식물 줄기의 키 성장은 억제하고 몸을 통통하게 만든다. 따라서 식물을 쓰다듬으면 에틸렌이 작용해 작고 단단하며 튼튼한 식물로 자라게 된다. 그러면 식물은 평소보다 훨씬 예쁘고 아름다운 꽃을 피운다. 식물은 자기가 지탱할 수 있는 크기의 꽃을 피우기 때문이다. 감당할 수 없는 큰 꽃을 피우면 줄기가 견디지 못하고 쓰러져

버릴 것이다.

따라서 식물은 줄기가 짧고 통통할 때 크고 멋진 꽃을 피울 수 있다. 반면 접촉자극을 느끼지 못한 식물은 가는 줄기로 키만 큰 비실비실한 모습으로 자라난다. 이런 식물은 스스로 감당할 수 있는 작은 꽃을 피운다.

식물은 상냥한 말과 감정을 알아들어서 튼튼하고 아름다운 꽃을 피우는 게 아니다. 식물에게 필요한 것은 적절한 바람, 사람의 다정한 손길 등 물리적인 '접촉'이다.

• 식물을 다정하게 쓰다듬으며 키우기

식물 줄기를 짧고 통통하게 만들어주는 영양제가 판매되고는 있지만, 약을 사용하지 않고 줄기를 튼튼하게 키우고 싶다면 식물을 잘 쓰다듬어주면 된다. 키우면서 전혀 만져주지 않은 국화에 비해 적절하게 만져주며 키운 국화는 줄기가 짧고 튼튼하게 자라 상대적으로 더 크고 아름다운 꽃을 피운다.

1-10 물과 양분을 식물 구석구석 보내는 통로, '물관'과 '체관'

뿌리가 흡수한 물은 높이 뻗은 줄기와 가지 끝 새싹이나 잎까지 전달되어야 한다. 이를 위해 줄기에는 뿌리에서 빨아들인 물과 양분이 통과하는 관이 있다. 이것이 바로 '물관(도관)'이다.

물과 더불어 질소 같은 양분도 물관을 거쳐 식물 전체에 도달한다. 줄기 안에 있는 물관의 크기는 얼마나 될까? 물관의 지름은 수십 마이크로미터(㎛)이고, 1마이크로미터는 1밀리미터의 1,000분의 1 길이다. 물관이 얼마나 가는지 상상이 되는가?

줄기에는 특별한 관이 하나 더 있다. 잎에서 만들어진 양분이 지나가는 '체관(사관)'이다. 잎에서 광합성으로 만들어진 영양물은 이 관을 이동해 뿌리나 새싹으로 전달된다.

물관은 모여 다발이 되고, 체관 다발과 하나가 되어 관다발(유관속)을 구성한다. 관다발에서 체관은 바깥쪽에, 물관은 안쪽에 자리하며, 쌍떡잎식물인지 외떡잎식물인지에 따라 관다발이 나열된 모양이 다르다. 쌍떡잎식물의 관다발은 줄기 속에서 동심원 모양으로 규칙적으로 나열되어 있다. 반면 외떡잎식물의 관다발은 줄기 속에서 불규칙적으로 흩어져 있다.

줄기의 관다발은 뿌리까지 이어지며, 뿌리에서는 관다발이 중앙에 모여 있다. 또 관다발은 줄기에서 잎으로 이어지는데, 잎으로 뻗어 나간 관다발을 '잎맥'이라고 한다. 이때 물관은 잎 겉면에, 체관은 잎 후면에 위치한다.

쌍떡잎식물과 외떡잎식물 줄기의 관다발은 나열 모양 이외에 또 다른 차이점이 있다. 쌍떡잎식물 관다발에는 물관과 체관 사이에 '형성층'이라는 부분이 있어 줄기를 통통하게 만드는 역할을 한다. 그러나 외떡잎식물에는 형성층이 없다.

• 줄기 속 관다발 나열 모양

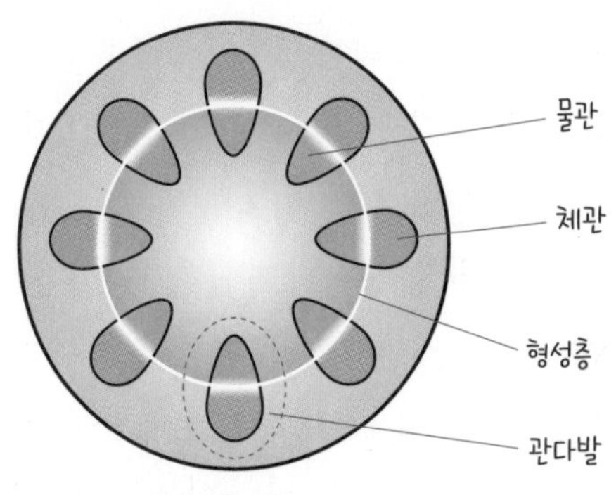

쌍떡잎식물 줄기 단면

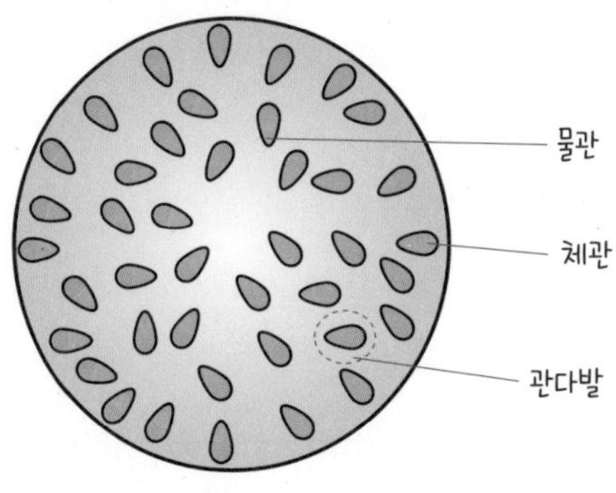

외떡잎식물 줄기 단면

1-11 물을 뿌리에서 잎끝까지 전달하는 세 가지 힘은?

오늘날 세계에서 가장 키가 큰 나무는 어떤 나무일까? 2006년 9월, 미국 캘리포니아 레드우드국립공원에서 발견된 세쿼이아로, 그 높이는 115.92미터, 30층 건물과 맞먹는 크기다.

뿌리에서 흡수된 물은 이렇게 키가 큰 나무의 모든 가지, 새싹, 잎에 전달되어야 한다. 이때 뿌리에서 작용하는 힘은 물을 위로 밀어 올리는 '뿌리압'이다. 식물 줄기를 잘라 잠시 두면 잘린 부분에 물이 맺히곤 한다. 줄기를 자르기만 해도 수액이 흘러나오는 것은 뿌리가 수액을 위쪽으로 밀어 올리고 있었기 때문이다.

하지만 뿌리압만으로는 키가 큰 식물은 물론 키가 작은 식물일지라도 뿌리에서 흡수한 물을 식물 끝까지 보낼 수 없다. 그래서 잎이 '증산' 작용을 통해 물을 수증기 형태로 공기 중에 방출한다. 증산은 잎에 있는 작은 구멍으로 물이 수증기가 되어 나가는 현상을 말하며, 수증기를 발산하는 잎의 수많은 작은 구멍을 '기공'이라고 한다.

다시 말해, 뿌리에서 흡수된 물이 줄기 속 물관을 따라 이동해 잎으로 전달된 후 잎에서 증산되는 과정이 이루어지는 것이다. 이때 물관에는 물이 꽉 차 있으며 물끼리 강한 힘으로 연결되어 있다. 이렇게 물이 끊김 없이 이어지도록 작용하는 힘이 '응집력'이다.

식물의 물관은 맨 아래 뿌리에서부터 맨 위 잎의 기공까지 이어진다. 이 물관에는 서로 강하게 연결되어 있는 물이 가득 차 있다. 그래서 잎의 기공을 통해 물이 수증기로 증산되면 물관의 물이 위쪽으로 이동한다. 식물의 가장 말단에 있는 잎에서 물이 증산되면 그만큼 아래쪽 물이 딸려 올라가는 것이다.

높이 자라난 식물의 말단까지 물이 전달되는 것은 바로 이러한 구조에 의해서다. 지상에 길게 뻗은 모든 가지 끝까지 물이 이동하기 위해서는 밑에서 밀어 올리는 뿌리압뿐 아니라 잎에서 물을 방출하는 증산 작용이 함께 일어나야 한다.

• 식물 말단까지 물이 전달되는 구조

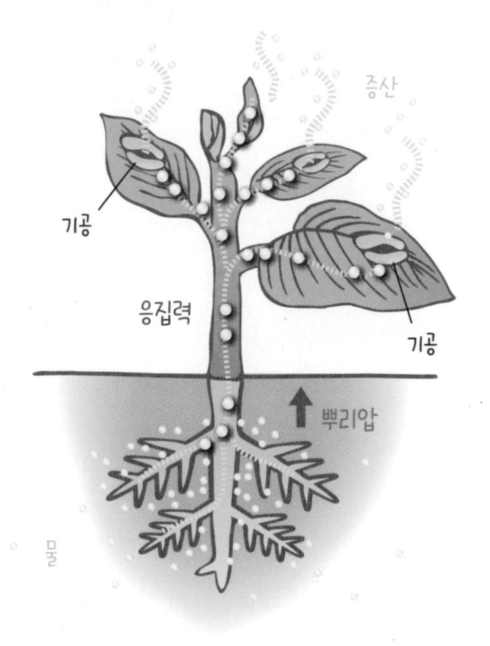

출전: 다나카 오사무 『잎의 신비로움』(SB크리에이티브, 2008년)

식물 줄기의 웃자람을 방지하는 물질, 피토크롬

새싹의 성장은 환경에 따라 달라진다. 많은 씨앗이 좁은 장소에서 한꺼번에 싹을 틔운 경우, 새싹은 옆에 있는 동료와 서로 경쟁하듯 키만 키운 채 비실비실하게 자란다. '웃자람'이라 부르는 현상이다. 웃자란 줄기는 가늘고 길다. 따라서 쓰러지기 쉽고 병이나 해충에 저항하는 힘 또한 약하다.

웃자람은 비료가 과하게 주어지거나 고온다습 상태가 이어질 때에도 일어난다. 하지만 새싹을 웃자라게 만드는 여러 원인 중 가장 주요한 것은 햇빛 부족이다. 그래서 햇빛이 들지 않는 음지거나, 새싹 사이 간격이 너무 좁거나, 비닐하우스의 비닐이 더럽혀져 있을 때 그 안에서 싹을 틔운 새싹이 웃자라곤 한다.

빛이 전혀 없는 컴컴한 어둠에서는 어떨까? 콩나물이 알려주듯 전형적인 웃자람이 일어난다. 빛이 닿으면 콩나물의 키는 더 자라지 않는다. 식물은 빛이 비추는지 아닌지를 확실히 구분할 수 있다.

식물은 어떻게 빛의 유무를 스스로 파악할까? 바로 '피토크롬(phytochrome)'이라는 물질 덕분이다. 피토크롬은 Pr과 Pfr의 두 종류가 있다. Pr형 피토크롬은 적색광을 잘 흡수하고 적색광을 흡수하면 Pfr형 피토크롬으로 전환된다. Pfr형은 원적색광을 잘 흡수하고 원적색광을 흡수하면 Pr형으로 전환된다. 원적색광은 적색광 말단에 있는, 인간의 눈으로는 느끼기 힘든 검붉은 색 빛으로, 식물은 이를 잘 감지할 수 있다.

Pr과 달리 Pfr은 키 성장을 억제한다. 즉, 빛이 닿아서 Pfr이 나오면 식물의 키는 더 자라지 않는다.

식물의 몸속에 처음부터 만들어진 것은 Pr이다. 그리고 빛이 닿지 않으면 식물의 키 성장을 억제하는 Pfr은 존재하지 않는다. Pr만 있다면 컴컴한 어둠 속에서도 영양분이 있는 한 식물의 키는 점점 자란다.

한편 태양빛이 비추면 Pr이 Pfr로 변하면서 식물 몸속에 Pfr이 많아진다. 따라서 태양빛이 닿으면 식물의 키 성장이 멈추게 된다. 그럼 빛이 다시 약해지면 어떻게 될까? 빛이 약해지면 Pfr이 사라지며 식물의 키가 자라나는 것을 막지 않아 웃자람이 일어난다.

• **웃자람을 지배하는 피토크롬**

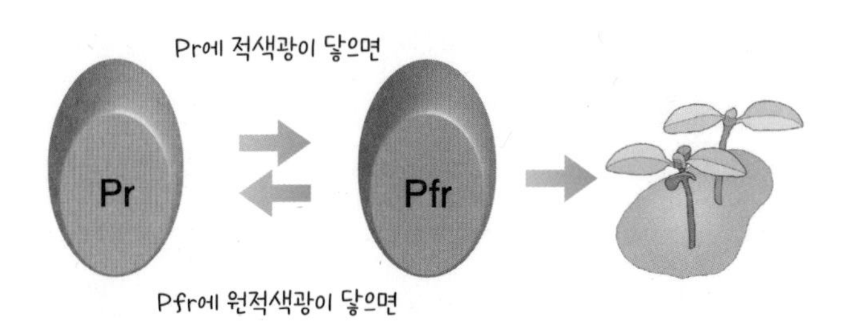

Pr은 식물 몸에 원래부터 있으며 식물의 키 성장을 억제하지 않는다.

Pfr은 식물의 키 성장을 억제한다.

줄기가 길게 자라는 것이 억제되어 짤막하고 튼튼한 새싹을 키운다.

P는 색소(Pigment), r은 적색(red)광, fr은 원적색(far-red)광을 의미한다.
또 피토크롬의 피토는 '식물'을, 크롬은 '색소'를 의미한다.

1-13 식물 줄기는 왜 빛이 비추는 방향으로 자랄까?

앞서 컴컴한 상자 안에 식물을 심은 화분을 두고 상자 측면에 작은 구멍을 내서 그곳으로만 빛을 들여보내는 실험을 소개했다. 그러면 이 상자 속에서 발아한 새싹의 끝은 빛이 오는 방향으로 휘어지며 자란다. 빛 자극을 받아 새싹이 빛이 비추는 방향으로 휘어져 자라는 성질을 '굴광성(광굴성)'이라고 한다.

그렇다면 굴광성의 원리는 무엇일까? 1952년에 진행된 한 연구에서 다양한 색의 빛을 포함하는 백색광 중 어떤 빛에 반응해 굴광성이 일어나는지 실험했다. 그 결과 굴광성은 청색광에 반응하는 것임을 알아냈다. 즉, 우리는 빛을 '백색광'이라고 하지만 백색광에는 청색, 녹색, 적색 빛이 섞여 있다. 그리고 식물 줄기가 빛이 비추는 방향으로 자라나는 것은 백색광 중 청색광에 반응하는 현상임을 밝혀낸 것이다.

줄기가 청색광에 반응해 굴광성을 일으킨다면, 줄기 속에 이를 위한 물질이 있어야 한다. 그래서 식물학자들은 오랜 기간 동안 식물이 가진 청색광 흡수 물질을 탐구하는 데 매진했다.

식물이 빛을 느끼는 물질로는 '클로로필'과 '피토크롬'이 알려져 있다. 만일 클로로필이 반응하는 것이라면 청색광뿐 아니라 적색광에도 효과가 있어야 한다. 또 식물을 웃자라게 하는 피토크롬의 작용이라면 적색광이나 원적색광이 가장 효과적이며, 청색광은 오히려 효과가 없을 것이다.

식물에서 청색광만을 흡수해 굴광성을 일으키는 색소가 발견된 것은, 굴광성을 알아내고도 한참이 지난 1999년의 일이다. 줄기가 빛이 오는 방향으로 휘어지는 성질인 굴광성을 영어로 '포토트로피즘(phototropism)'이라고 한다. '포토'는 '빛', '트로피즘'은 '굴성'을 의미한다. 그리고 새롭게 발견된 청색광 수용체는 광굴성을 지배한다는 의미에서 '포토트로핀(phototropin)'이라 명명되었다.

• 새싹의 굴광성

새싹의 굴광성은 백색광에 포함된 청색광에 반응하는 것이다. 컴컴한 상자 속에 화분에 심은 식물을 넣고 상자 측면에 구멍을 뚫어서 그곳으로만 백색광을 비추면 줄기는 빛이 오는 방향으로 자란다. 이러한 현상을 "식물이 빛이 오는 방향을 따라 휘어진다"라고 말하는데, 사실은 식물이 백색광 안에 포함된 청색광을 느끼고 그 방향으로 자라는 것이다. 이때 식물에는 청색광만을 느끼는 색소가 있어야 한다. 그것이 바로 '포토트로핀'이다.

Section 2 성장에 잠재된 성질

1-14 식물이 동물에게 뜯어먹혀도 끄떡없게 하는 힘, 정아우세

모든 동물은 식물을 먹는다. 초식동물에게는 초지의 풀과 나뭇잎 등이 모두 훌륭한 먹이다. 육식동물의 먹잇감은 동물이다. 그런데 육식동물이 잡아먹은 동물은 무엇을 먹고 자랐을까? 잡아먹힌 동물은 대부분 식물을 먹는 초식동물이다. 그렇기에 '모든 동물은 식물을 먹는다'라고 말할 수 있는 것이다. 식물이 동물에 먹히는 것은 식물의 '숙명'이다.

이러한 숙명을 가진 식물이 동물에게 먹히기만 한다면 식물은 이 세상에서 곧 사라지고 말아야 하는 게 아닐까? 식물은 동물에게 먹혀도 그 피해가 치명적이지 않게 하는 교묘한 성질을 갖추었다. 주위에서 흔히 볼 수 있는 식물의 성장 방법에 그 성질이 숨겨져 있다.

싹을 틔운 후 계속 성장하는 식물은 줄기 끝에 있는 싹이 키를 늘려가면서 하나둘 잎을 피워간다. 줄기 끝에 생겨난 싹을 '정아(頂芽, 끝눈)'라고 하는데, 가지가 나뉘지 않는 해바라기나 나팔꽃에서는 위로 쑥쑥 자라는 정아를 쉽게 찾아볼 수 있다.

하지만 싹은 줄기 끝뿐 아니라 모든 잎의 연결 부위에 생겨난다. 이러한 싹을 줄기 옆쪽에 생겨난다고 해서 '측아(側芽, 곁눈)'라고 한다. 측아는 정아가 왕성하게 자랄 때는 자라지 않는다. 정아만 쑥쑥 자라고 측아는 자라지 못하는 현상을 '정아우세'라고 한다.

'정아우세'는 식물이 동물에게 먹혔을 때 위력을 발휘한다. 만일 동물이 정아를 포함한 식물의 부드러운 윗부분을 먹었다고 해보자. 그러면 밑에 있던 많은 측아가 정아가 되면서 '정아우세' 성질을 따라 우선적으로 자라기 시작한다.

먹힌 싹 아래에 측아가 있는 한, 측아가 줄기 끝에 위치하는 정아로 바뀌면서 식물은 계속 자라난다. 그래서 식물은 동물에게 먹혔다고 하더라도 얼마 후면 아무 일도 없었던 것처럼, 먹히기 전의 모습으로 돌아오는 것이다.

• **정아우세**

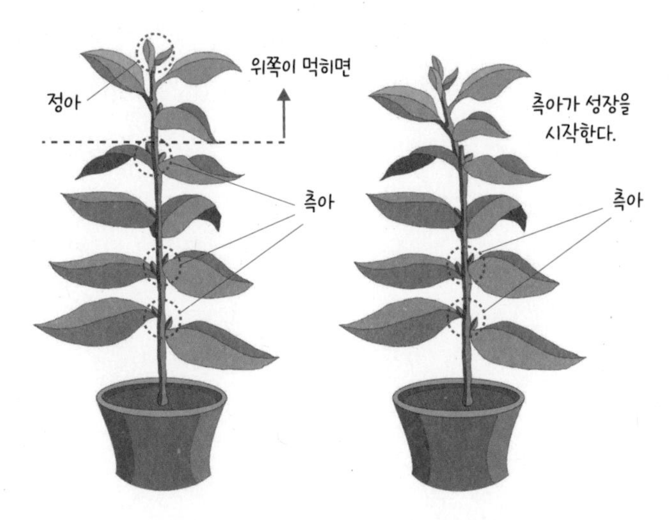

이 현상은 '옥신(auxin)'이라는 물질이 지배한다. 옥신은 정아에서 만들어져서 측아의 성장을 억제한다. 그래서 정아를 잘라내면 측아가 성장을 시작한다. 정아를 자른 뒤 그 자른 부분에 옥신을 주면 정아가 없음에도 측아의 성장은 계속 억제된다. 그래서 '정아에서 만들어진 옥신이 줄기를 지나 밑으로 이동해서 측아의 성장을 억제한다'라고 생각하게 되었다.

• 칼럼 01

씨앗이 먼저일까, 식물이 먼저일까?

이 질문은 '달걀이 먼저일까, 닭이 먼저일까?'라는 질문을 연상시킨다. 닭이 알을 낳고 알에서 병아리가 태어나 닭이 된다. 따라서 닭이 없으면 달걀이 있을 수 없고, 달걀이 없으면 닭이 있을 수 없다. 그러니 도대체 어느 쪽이 먼저 태어났을까? 예로부터 많은 이들이 이 패러독스를 두고 고민했다.

'씨앗이 먼저일까, 식물이 먼저일까?'도 마찬가지다. 식물이 씨앗을 만들고 씨앗에서 식물이 자라므로, 씨앗과 식물 중 어느 게 먼저 생겨났을지 질문을 던지게 된다.

그런데 달걀과 닭의 경우와 씨앗과 식물의 경우는 커다란 차이가 있다. 달걀과 닭 중 어느 쪽이 먼저 생겨났는지는 쉽게 답을 구할 수 없다. 그러나 씨앗과 식물에 있어서는 크게 고민할 필요가 없다. '씨앗이 먼저일까, 식물이 먼저일까?'라고 물으면 '식물이 먼저 태어났다'라고 자신 있게 답할 수 있다.

식물 중에는 꽃이 피는 식물과 꽃이 피지 않는 식물이 있다. 씨앗은 꽃이 피는 식물에서만 만들어진다. 꽃이 피지 않는 식물로 이끼나 양치식물을 들 수 있는데, 이들은 꽃을 피워 씨앗을 만드는 식물보다 먼저 생겨났다. 따라서 씨앗보다 식물이 먼저인 것이다. 이끼나 양치식물은 포자를 만들어 늘려간다.

약 3억 년 전 양치식물에서 꽃을 피워 씨앗을 만드는 식물이 생겨났다. 은행나무, 소철나무, 소나무, 삼나무 같은 겉씨식물이 먼저 태어났고, 약 1억 5,000년~6,500만 년 전에 속씨식물이 태어났다고 본다.

식물이 성장하기 위해서는 빛이 필요하다.
잎이 빛을 받아들여 영양소를 만든 덕분에 식물은 성장한다.
이 정도는 누구나 알고 있을 것이다. 여기서 좀 더 나아가보자.

- 식물은 어느 정도로 강한 빛을 원할까?
- 잎 속 어디에서 광합성이 이루어질까?
- 잎은 이산화탄소를 어떻게 흡수할까?
- 빛은 어떻게 사용될까?
- 어느 정도의 물이 필요할까?

제 2 장

광합성은 잎 속 어디에서 이루어질까?

2-1 음식을 먹지 않는 식물이 성장하는 비결은?

인간을 포함한 모든 동물은 생명을 유지하기 위해 에너지가 필요하다. 그래서 동물은 에너지를 얻기 위해 음식을 먹는다. 식물도 동물과 마찬가지로 살아가기 위한 에너지가 필요하다.

그런데 파리지옥 같은 식충식물은 벌레를 먹어 필요한 영양을 섭취한다고 하지만 일반적인 식물이 뭔가를 먹는 모습은 볼 수 없다. 식물은 음식을 먹지 않으면서 어떻게 살아가고, 어떻게 무럭무럭 성장하는 것일까?

기원전 4세기 무렵 그리스 철학자 아리스토텔레스는 '식물은 먹는 모습을 보이지 않는다. 그러나 흙 속에 숨겨진 뿌리로 음식을 먹는다'라고 설명했다. 이러한 믿음은 그 후 오래도록 지속되었다.

17세기에 이르러 식물이 뿌리로 먹는 게 무엇인지 조사한 사람들이 있었으나 그들은 아무것도 발견하지 못했다. 식물은 우리가 먹는 것 같은 음식을 먹지 않기 때문이다.

식물은 뿌리에서 흡수한 물과 공기 중 이산화탄소를 재료로 활용해 잎에서 받아들인 태양빛으로 산소를 배출하고 녹말을 만든다. 이것이 광합성 작용이다.

광합성으로 만들어진 녹말은 생명을 유지하며 생명활동을 운영하기 위한 에너지의 원천이 된다. 인간의 주식인 쌀, 보리, 감자, 옥수수 등의 주요 성분 역시 녹말로, 우리는 이것을 먹고 소화시켜 에너지를 얻는다.

식물이 광합성으로 만든 녹말은 지구에 사는 모든 동물이 먹는 식량의 원천이다. 앞서 살펴봤듯, 모든 동물은 식물을 먹는다. 이는 곧, 식물이 만들어내는 광합성 산물이 없으면 동물은 살아갈 수 없음을 의미한다.

• **광합성의 구조**

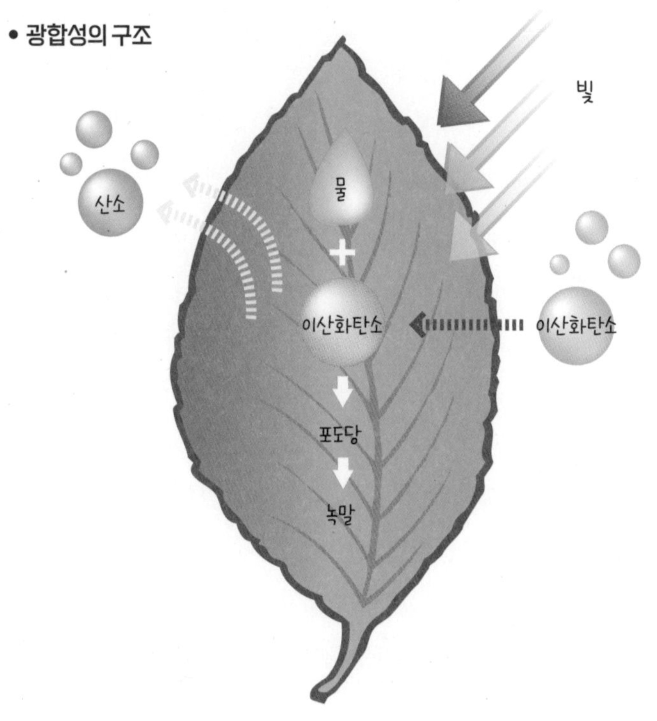

출전: 다나카 오사무 『잎의 신비로움』(SB크리에이티브, 2008년)

광합성은 물과 이산화탄소를 가지고 빛 에너지를 이용해 녹말을 만들고 산소를 발생시키는 반응이다. 광합성의 재료는 물과 공기 중에 있는 이산화탄소이며, 반응시키는 에너지는 태양빛이다. 물, 이산화탄소, 빛은 얼마든지 있고 비용이 들지 않으며 상당히 안전한 것들이다. 식물의 잎은 지구에 사는 모든 동물에게 있어 '환경 친화적인' 식량생산공장이라고 할 수 있다.

2-2 광합성 속도 조절기, '광·광합성곡선'

빛이 잎에 닿으면 광합성이 이루어진다. 광합성이 얼마나 빠른 속도로 이루어지는지는 광합성의 결과, 즉 잎에서 배출되는 산소의 양이나 만들어진 녹말의 양으로 알 수 있다. 또 잎이 흡수하는 이산화탄소의 양으로도 광합성 속도를 알 수 있다.

그런데 광합성 속도에 중요한 영향을 미치는 요인이 있다. 바로 빛의 강도다. 빛의 강도에 따라 광합성 속도의 변화를 나타내는 것이 광·광합성곡선이다. 이산화탄소 농도와 온도가 적절하게 유지되는 조건에서 광·광합성곡선은 오른쪽 그래프처럼 그려진다.

가로축은 빛의 강도를 나타내며 오른쪽으로 갈수록 빛이 강해진다. 세로축은 잎에 흡수된 이산화탄소 양으로 광합성 속도를 보여준다.

빛이 전혀 없는 암흑에서는 광합성을 위한 이산화탄소의 흡수가 일어나지 않는다. 이산화탄소 흡수가 일어나지 않을 뿐 아니라 오히려 식물이 호흡하며 이산화탄소를 배출한다. 따라서 이산화탄소 흡수 수치는 마이너스에 머무른다.

이후 빛의 강도가 늘어남에 따라 호흡에 의한 이산화탄소 배출량과 광합성에 의한 이산화탄소 흡수량이 같아진다. 잎에서 이산화탄소 출입이 수치상으로 나타나지 않는 이때 빛의 강도를 광보상점이라 한다.

광보상점을 지나 빛의 강도가 계속 강해지면 광합성 속도가 증가하고 이산화탄소 흡수량도 많아진다. 이러한 상황에서 빛이 계속 더 강해지면 결국 이산화탄소 흡수량이 일정해지면서 광합성 양이 더는 늘어나지 않는 광포화 상태에 이른다. 이렇게 광포화 상태가 되는 빛의 강도를 광포화점, 이때 광합성 속도를 최대광합성 속도라고 한다.

맑은 날 한낮 눈부신 태양빛의 강도는 10만 럭스 가까이 된다. 그런데 많은 식물이 광합성으로 사용하는 태양빛은 2.5~3만 럭스다. 즉, 식물의 잎은 한낮 태양빛의 3분의 1 이하 강도에 광포화에 도달하기 때문에 태양빛의 일부를 사용하는 것에 불과하다.

• **광·광합성곡선**

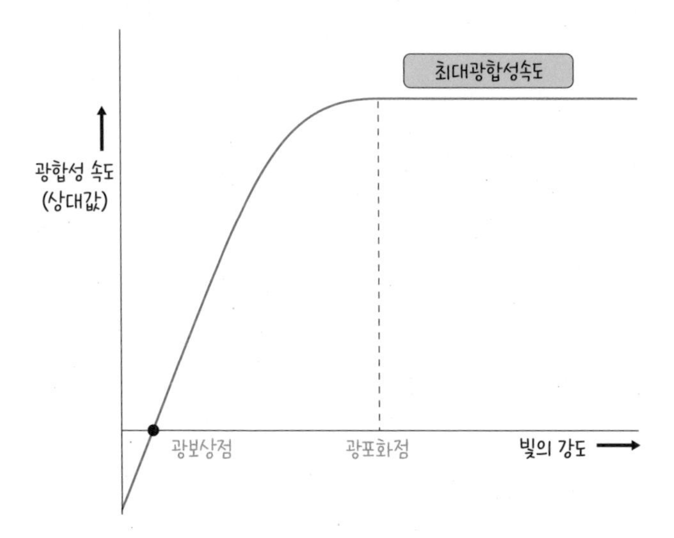

광·광합성곡선은 빛의 강도와 광합성 속도의 관계를 나타낸다.

2-3 '빛 강도'와 책상조직·해면조직의 관계는?

잎의 내부구조를 나타낸 오른쪽 그림을 보자. 잎 바깥쪽에 길쭉한 원통형 세포가 규칙적으로 나열되어 있는데 이를 '책상조직(울타리조직)'이라고 한다. 책상조직 아래 세포가 불규칙적인 형태로 분포되어 있는 부분은 '해면조직'이다.

해면조직은 세포와 세포 사이 틈이 많기 때문에 기체가 이동하는 통로로 적합하다. 또한 책상조직을 통과한 빛이 해면조직의 불규칙한 모양 세포에 닿아 여기저기로 반사된다. 이때 빛이 다양한 방향으로 산란된 결과 빛의 일부는 잎 내부로 돌아와 다시 이용되기도 한다. 해면조직 덕분에 빛이 알차게 활용되는 셈이다.

태양빛이 강하게 비추는 곳에서 자라는 식물과 태양빛이 약하게 비추는 곳에서 자라는 식물은 잎의 두께와 크기에 차이가 있다. 빛이 약한 곳에서 자라는 식물의 잎은 면적이 넓으며 책상조직이 발달되지 않아 두께가 얇다. 하지만 클로로필 양이 많고 녹색이 진하다. 빛의 세기가 강하지 않은데 잎이 두꺼우면 잎 내부까지 빛이 도달하지 않을 수 있다. 따라서 빛이 약한 곳에서 자라는 식물은 잎을 두껍게 하는 대신 잎의 면적을 넓게 하여 조금이라도 더 많은 빛을 받아들이려 한다.

빛이 강하게 내리쬐는 지역에서 자라는 식물은 반대라고 보면 된다. 즉, 이런 지역의 식물은 잎의 면적은 작지만 책상조직이 잘 발달되어 있어 잎이 두껍다. 강한 빛이 잎 내부까지 침투해 들어오므로 그 빛을 광합성에 사용하기 위해서 잎이 두꺼워진 것이다. 그리고 이미 충분한 빛을 받아들였기에 잎의 면적은 크지 않아도 괜찮다.

• **잎 단면도**

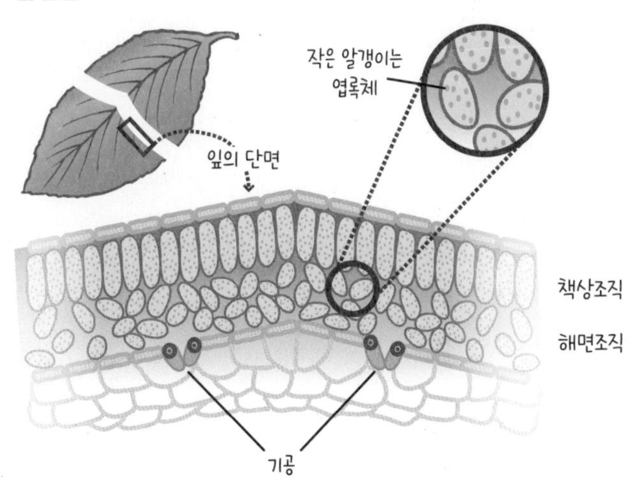

• **강한 빛에 의해 발달한 책상조직**

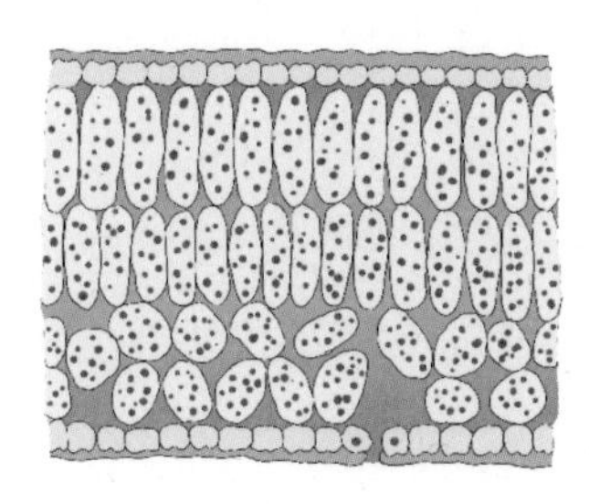

강한 빛이 비추는 곳에서 자라는 잎

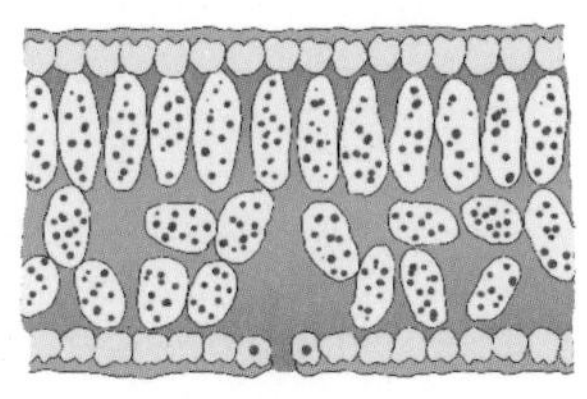

약한 빛이 비추는 곳에서 자라는 잎

2-4 식물은 0.04퍼센트 이산화탄소를 귀신같이 빨아들인다고?

'식물은 뿌리에서 흡수한 물과 잎에서 빨아들인 이산화탄소를 재료로 녹말을 만든다'라고 했다. 그러면 잎은 어떻게 이산화탄소를 빨아들이는 것일까?

그 답은 이렇다. 식물은 '잎의 기공에서 이산화탄소를 빨아들인다.' 기공은 잎에 수없이 많이 있는 구멍으로, 이산화탄소를 흡수하는 역할을 한다.

공기 중에는 산소 약 20퍼센트, 질소 약 80퍼센트가 포함되어 있는 반면 이산화탄소는 0.04퍼센트 정도만 있을 뿐이다. 공기 중에 이렇게 작은 양만 있는 이산화탄소를 식물은 어떻게 기공에서 빨아들인다는 것일까?

이는 기체의 묘한 성질에서 답을 찾아야 한다. 즉, 농도가 서로 다른 두 기체가 만나면 차츰 같은 농도가 되려는 성질이 있다. 바로 '확산'이라는 현상이다. 농도 차가 있는 두 기체가 접하면 같은 농도가 되기 위해 농도가 높은 쪽이 낮은 쪽으로 이동한다. 담배 연기로 예를 들어보자. 담배 연기의 강한 냄새는 바람이 전혀 통하지 않는 방 안에서도 어느새 방 안 공기와 섞여 옅어진다.

식물의 잎 속 이산화탄소는 포도당이나 녹말 생산에 사용되기 때문에 그 농도가 상당히 낮아져 있다. 이해하기 쉽게, 잎 속 이산화탄소 농도를 0으로 가정해보자. 그러면 잎의 기공을 사이에 두고 잎 내부 이산화탄소 농도는 0, 잎 외부(공기) 이산화탄소 농도는 0.04퍼센트 정도다. 잎 외부 이산화탄소 농도가 상대적으로 높기 때문에 농도가 낮은 잎 내부로 이산화탄소가 이동한다. 잎이 광합성을 하며 이산화탄소를 계속 사용하기 때문에 잎 속 이산화탄소 농도는 항상 외부보다 낮다. 따라서 이산화탄소가 잎 밖에서 잎 안으로 들어오게 된다.

앞에서 '잎의 기공에서 이산화탄소를 빨아들인다'라고 했지만, 정확히는 '공기에 포함된 이산화탄소가 식물의 잎 안으로 흘러들어간다'라고 해야 할 것이다.

• **잎의 기공에서 이산화탄소를 흡수**

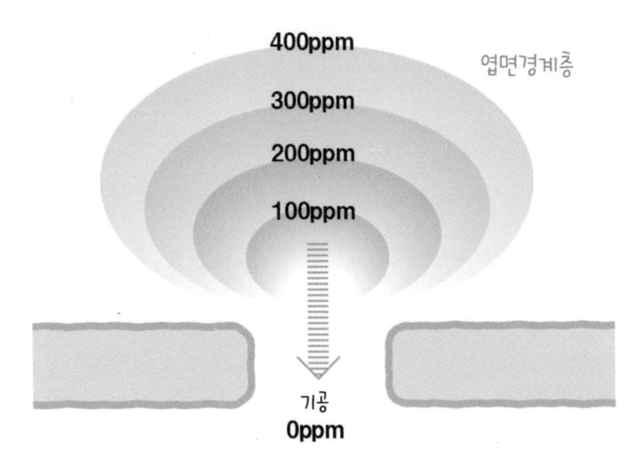

1ppm은 100만분의 1, 1%는 100분의 1을 의미한다. 따라서 대기 중 이산화탄소 농도 약 0.04%는 400ppm이다. 잎 속 이산화탄소는 광합성에 계속 사용되기 때문에 그 농도가 낮다. 잎 내부 이산화탄소 농도를 0으로 가정하면, 잎 외부 이산화탄소 농도는 400ppm 정도가 되는 것이다. 기체는 농도가 서로 다를 때 같은 농도가 되려는 성질이 있으므로, 이산화탄소는 400ppm 쪽에서 0 쪽으로 이동한다. 이때 잎 표면이 0에 가까워짐에 따라 다양한 이산화탄소 농도층이 만들어지는데, 이를 '엽면경계층'이라고 한다.

2-5 이산화탄소 농도는 왜 여름에 줄고 겨울에 늘까?

대기에 포함된 이산화탄소 농도가 꾸준히 상승함에 따른 환경문제가 전 세계적으로 심각한 수준에 다다랐다. 이는 지구 온난화의 원인이다. 하와이 마우나로아관측소에서는 1958년부터 대기 중 이산화탄소 농도를 계측하고 있다. 계측을 개시했을 때 이산화탄소 농도는 315피피엠이었다. 그런데 해마다 농도가 증가해 2013년 5월에는 1일 평균 400피피엠을 넘어섰다. 2015년 5월, 미국해양대기관리처는 '2015년 3월 이산화탄소 농도의 월평균치가 처음으로 400피피엠을 넘었다'라고 발표했다.

식물은 광합성으로 이산화탄소를 흡수해 대기 중 이산화탄소 농도가 상승하지 않게 한다. 식물이 이산화탄소를 얼마큼 흡수해서 지구 환경에 공헌하고 있는지 구체적으로 알 수 있을까?

식물이 흡수하는 이산화탄소 양은 글로벌 이산화탄소 농도 상승곡선에서 살펴볼 수 있다. 오른쪽 그래프는 이산화탄소 농도의 증가를 보여주는 것으로, 북반구에서 관측한 데이터를 토대로 그린 것이다. 매년 계절별로 이산화탄소 농도가 증가하거나 줄어드는데, 여름에는 농도가 줄어들고 겨울에는 농도가 늘어난다.

이산화탄소 농도가 왜 여름에는 줄어들고 겨울에는 늘어날까? 북반구에서는 봄부터 여름까지 식물이 활발하게 광합성을 하며 이산화탄소를 많이 흡수하기 때문에 대기 중 이산화탄소 농도가 줄어든다. 한편 북반구에 추운 겨울이 찾아오면 식물의 광합성량이 줄어듦에 따라 이산화탄소 흡수량이 적어져 대기 중 이산화탄소가 늘어난다. 이렇게 계절에 따라 늘었다가 줄었다가 하는 이산화탄소 농도 차이를 통해 식물에 의한 이산화탄소 흡수가 어느 정도인지 가늠해볼 수 있다.

그렇다면 이산화탄소 농도 상승이 왜 지구 온난화를 일으킬까? 이산화탄소는 '온실가스'로 분류되는 기체다. 온실가스는 지구 표면에서 우주 공간으로 향하는 적외선 복사를 대부분 흡수해 온실을 덮는 유리나 비닐처럼 지표의 온도를 높이는 '온실효과'를 일으키는 가스를 일컫는다. 따라서 대기 중 이산화탄소 농도가 높아지면 온실효과가 강해져 지표의 온도가 상승한다.

• 대기 중 이산화탄소 농도 증가곡선

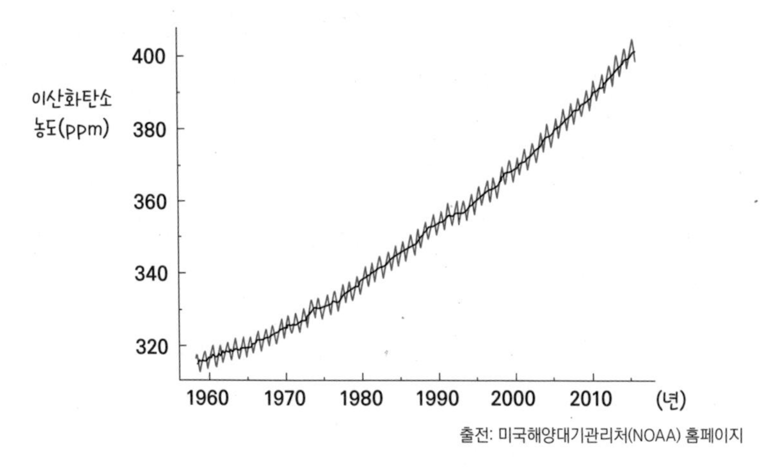

출전: 미국해양대기관리처(NOAA) 홈페이지

식물이 이산화탄소를 얼마나 흡수하는지는
매년 여름과 겨울 이산화탄소 농도 차이로 가늠해볼 수 있다.

2-6 광합성은 잎 속 어디에서 이루어질까?

광합성에 사용되는 빛은 녹색 색소인 클로로필(엽록소)에 흡수된다. '이 색소는 잎의 어느 부분에 있을까?' 호기심이 생겼으니 현미경으로 잎을 관찰해보자. 잎의 세포 가운데 녹색 알갱이가 보인다. 이것이 '엽록체'다. 이 알갱이는 클로로필을 품고 있어 녹색으로 보인다. 그러면 '클로로필에 흡수된 빛은 엽록체에서 사용된다'라고 짐작할 수 있다.

1880년, 독일 식물학자 테오도르 엥겔만은 '광합성이 잎 속 어디에서 이뤄질까'라는 의문을 파고들었다. 당시 잎에 빛이 닿으면 산소가 배출된다는 것은 알려져 있었다. 하지만 산소는 무색무취 기체여서 눈으로 보거나 냄새를 맡아서 느낄 수가 없다. 엥겔만은 잎에서 배출된 산소를 확인하기 위해 깊이 궁리하며 정교한 실험을 이어갔다.

엥겔만은 산소가 있으면 모여드는 성질을 가지는 세균과 녹조류인 해캄을 같이 두고, 해캄의 다양한 부분에 빛의 초점을 맞추었다. 해캄의 엽록체에 빛을 비추면 세균이 그 주위로 모였으나 엽록체가 없는 부분에 빛을 비추면 세균이 모이지 않았다. 이는 곧 '빛이 닿았을 때 산소가 배출되는 곳은 엽록체'이고 따라서 '광합성은 엽록체에서 이루어진다'는 것을 의미했다.

1894년, 엥겔만은 길쭉한 해캄 엽록체에 프리즘으로 분리한 각기 다른 파장의 빛을 비추고 세균의 움직임을 관찰했다. 그 결과 청색광과 적색광이 닿는 부분에는 산소를 좋아하는 세균이 모였으나 녹색광이 닿는 부분에는 세균이 거의 모이지 않았다. 이로써 '광합성에는 청색광이나 적색광이 주로 쓰이며 녹색광은 그다지 쓰이지 않는다'라는 것이 분명해졌다.

• **엥겔만의 실험 1**

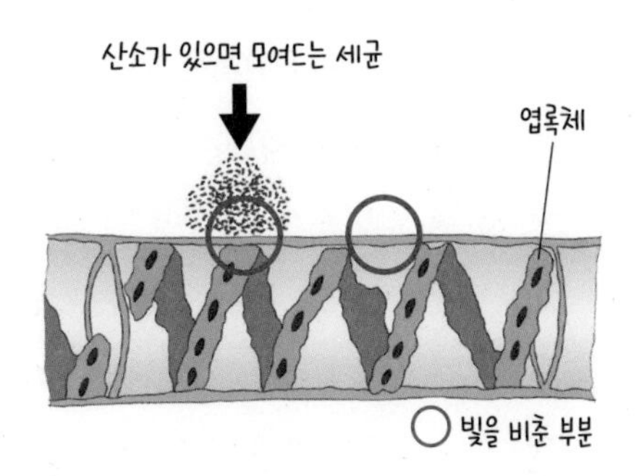

• **엥겔만의 실험 2**

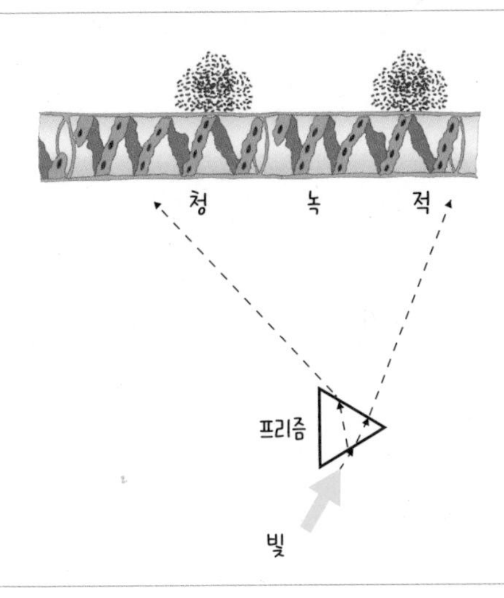

2-7 색소 클로로필은 어떻게 빛을 흡수할까?

잎이 빛을 사용해 광합성을 하려면 빛을 흡수해야 한다. 잎에서 빛을 흡수하는 색소는 클로로필(엽록소)이다. 그런데 '클로로필은 왜 빛을 흡수할까?' 그 이유는 '광합성 작용 스펙트럼과 클로로필 흡수 스펙트럼이 거의 일치'하기 때문이다.

'광합성 작용 스펙트럼'이 뭘까? 잎에 다양한 빛을 비춰서 이산화탄소 흡수량을 측정하고 어떤 빛이 얼마나 광합성에 도움이 되는지를 나타내는 오른쪽 그래프를 보자(오렌지색 실선). 그래프의 가로축은 잎에 비춘 다양한 색의 빛(파장), 세로축은 광합성이 어느 정도 이루어졌는가를 보여주는 광합성 속도다.

세로축 수치가 클수록 그 색 빛이 광합성에 유효하게 작용함을 의미한다. 따라서 그래프는 '광합성에는 적색광과 청색광이 효과적이며 녹색광의 효과는 약하다'라는 것을 나타낸다.

그럼 '클로로필 흡수 스펙트럼'은 뭘까? 오른쪽 그래프에서 클로로필이 녹아 있는 녹색 액을 투명한 용기에 넣고 백색광을 비춰서 각각 색의 빛이 얼마나 흡수되는가를 확인해보자(점선). 그래프의 가로축은 다양한 색의 빛, 세로축은 각각 색의 빛이 얼마나 흡수되었는지를 보여준다.

두 그래프를 비교해보면, 클로로필 흡수 스펙트럼과 광합성 작용 스펙트럼은 무척 닮은 것을 알 수 있다. 이는 곧 '클로로필에 잘 흡수되는 빛이 광합성에 유효하게 작용하며, 클로로필에 잘 흡수되지 않는 빛은 광합성에 그다지 도움이 되지 않는다'라는 사실을 알려준다. 그러므로 '광합성에 사용되는 빛은 주로 클로로필에서 흡수된다'는 것이 증명된 셈이다.

• 광합성 작용 스펙트럼(실선)과 클로로필 흡수 스펙트럼(점선)의 관계

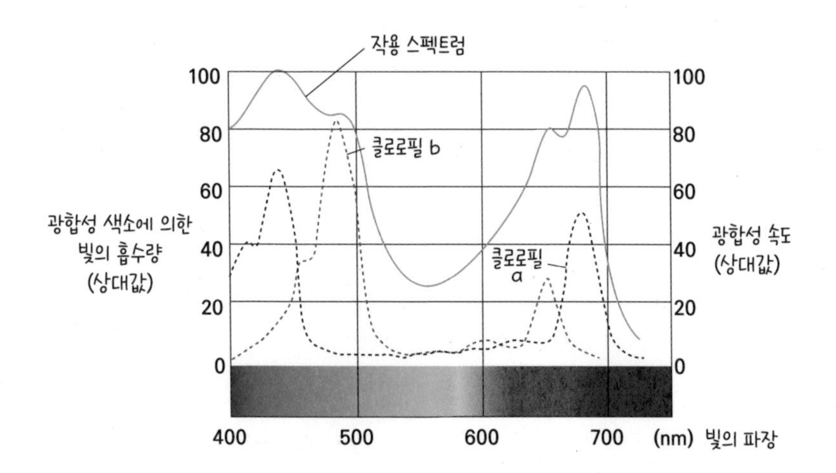

가로축은 다양한 색의 빛, 세로축은 광합성이 얼마나 이루어졌는가를 나타내는 수치다. 세로축 값이 높아지는 색의 빛일수록 광합성에 유효하게 작용함을 의미한다. 또한 클로로필 흡수 스펙트럼은 세로축이 무슨 색 빛을 얼마나 흡수했는가를 나타내는데, 세로축 값이 높아지는 색일수록 클로로필에 잘 흡수됨을 의미한다.

2-8 녹색광은 왜 잎 내부에서 이리저리 돌아다닐까?

앞서 클로로필 흡수 스펙트럼과 광합성 작용 스펙트럼을 살펴보았는데, 이 두 그래프가 거의 일치한다는 것은 클로로필에서 흡수한 빛이 광합성에 사용됨을 시사한다.

그런데 광합성에 사용되는 빛을 클로로필이 흡수한다면 두 그래프는 완전히 같아야 하지 않을까? 그래프를 다시 보면, 녹색광은 클로로필에 흡수되는 것보다 광합성에 사용되는 것이 훨씬 많다. 클로로필이 거의 흡수하지 않는 녹색광이 광합성 작용 스펙트럼에서는 꽤 역할을 하고 있는 것이다.

이는 잎에 클로로필 이외의 색소가 있어, 그들이 흡수한 녹색광이 광합성에 사용되었기 때문이다. 이와 함께 더 중요한 원인을 잎의 내부구조에서 찾을 수 있다.

잎을 알코올에 담궈 클로로필을 녹여낸 후 녹색광을 비추면 녹색광은 클로로필에 거의 흡수되지 않고 그대로 통과한다.

그러나 잎은 다양한 세포로 이루어져 있으며 클로로필은 그들 세포 가운데 엽록체라는 작은 알갱이 안에만 존재한다. 그래서 빛이 잎에 비추면 청색광과 적색광은 클로로필에 바로 흡수되지만 녹색광은 클로로필에 닿아도 거의 흡수되지 않는다. 그렇다고 녹색광이 전혀 흡수되지 않는 것은 아니며, 흡수 스펙트럼에 나타난 것처럼 극히 일부가 흡수된다.

클로로필이 흡수하지 않은 녹색광은 다른 잎 내부 세포에 반사되거나 산란된다. 다시 말해 잎에 닿은 녹색광은 일부 적은 양만 클로로필에 흡수되며 남은 빛은 잎 내부 세포에 부딪혀 반사되거나 산란되면서 잎 안을 돌아다닌다.

녹색광은 잎 안에 들어가 빠져나갈 때까지 잎 안의 많은 세포들 사이에서 반사와 산란을 반복하며 이리저리 왔다 갔다 한다. 반사나 산란된 녹색광은 잎 속에서 우왕좌왕하며 클로로필에 닿을 때마다 아주 조금씩 흡수된다. 그 가운데 잎에서 흡수되는 녹색광의 양이 늘어나 광합성에 사용되는 것이다.

• 잎 내부에서 이리저리 돌아다니는 녹색광의 효과

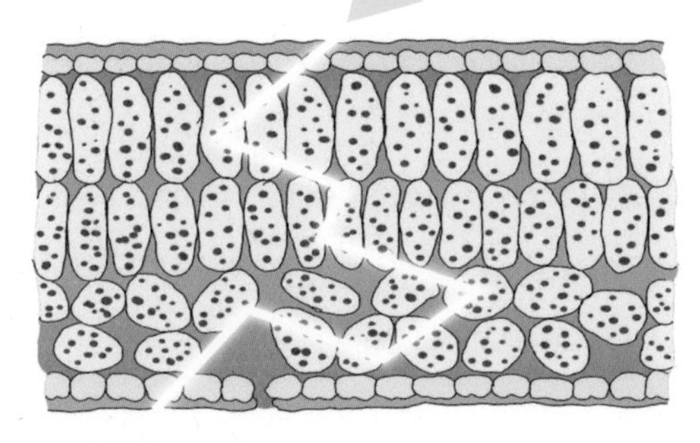

2-9 빛이 충분해도 이산화탄소가 부족하면 광합성이 안 된다?

식물은 뿌리가 빨아들인 물과 잎이 공기 중에서 흡수한 이산화탄소를 재료로 태양빛을 사용해 광합성을 한다. 이산화탄소는 공기 중에 포함되어 있으며, 공기는 주변에 충분히 있다. 하물며 최근에는 '대기 중 이산화탄소 농도가 점점 상승하고 있다'라는 것이 문제 될 정도가 아닌가. 이러한 뉴스를 들으면 '식물에게 광합성 재료인 이산화탄소가 부족할 리 없겠다'라는 생각이 든다. 그런데 사실 식물에게는 이산화탄소가 부족하다.

한낮의 눈부신 태양빛 아래 나뭇잎들이 분주하게 광합성을 하고 있을 거라 생각하기 쉽다. 실제로는 그렇지 않다. 빛이 풍부하다고 마냥 광합성을 할 수 있는 게 아니다. 광합성 재료인 이산화탄소가 부족하기 때문이다.

무슨 의미일까? 공기 중 이산화탄소 농도가 낮다는 것이다. 앞서 살펴봤듯이, 공기 중 이산화탄소 농도가 상승했다고 해도 겨우 0.04퍼센트 정도일 뿐이다.

'공기가 충분하니, 농도가 낮다고 해도 부족할 리는 없잖아?'라고 생각할 수도 있다. 아주 틀린 생각은 아니지만, 식물 잎에서 이산화탄소를 어떻게 빨아들이는지를 다시 되새겨보자.

'농도가 다른 두 기체가 접하면 서로 같은 농도가 되려는 성질'이 있다. 서로 다른 농도의 기체가 만나면 농도가 높은 쪽 기체가 농도가 낮은 쪽으로 이동한다. 그런데 만일 공기 중 이산화탄소 농도가 1퍼센트 정도로 높다고 가정하면, 이산화탄소 농도가 0.04퍼센트일 때에 비해 잎 내부와 외부의 이산화탄소 농도 차이가 더 커진다. 그러면 잎 안으로 훨씬 많은 이산화탄소가 흘러 들어올 것이다.

따라서 공기 중 이산화탄소 농도가 낮으면 잎 안으로 들어오는 이산화탄소의 양이 적어 광합성을 충분히 할 수 없다. 좀 더 정확히 말하면, '공기 중 이산화탄소가 부족하다'라기보다 '잎 내부로 이산화탄소가 충분히 들어오지 못해 광합성 재료로 부족하다'라는 것이다. 식물의 광합성 속도를 제한하는 요인은 공기 중 이산화탄소 농도다

• **이산화탄소 농도와 광합성 속도**

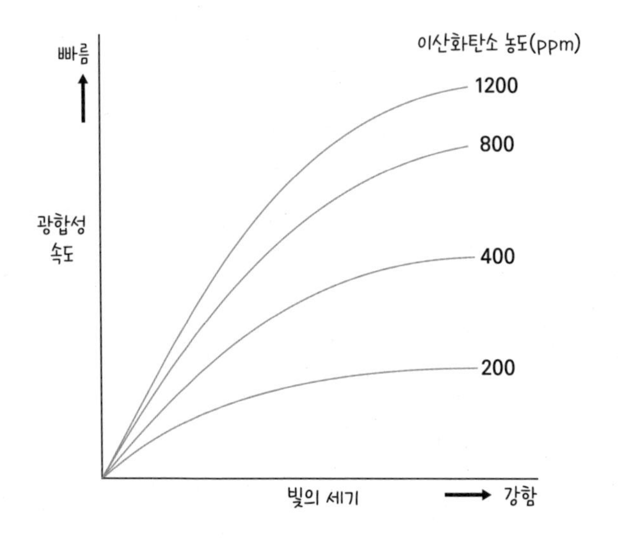

2-10 옥수수는 이산화탄소 부족을 고민하지 않는다고?

지구상에 존재하는 식물의 90퍼센트 이상은 C_3 식물이다. C_3는 이들 식물이 이산화탄소를 흡수해서 최초로 만들어지는 물질의 탄소(C) 수가 3개라는 의미다. 바로 앞에서 다룬, 이산화탄소 농도가 광합성 속도를 한정짓는 것도 C_3 식물 이야기다.

대부분의 식물에게는 이산화탄소가 부족하다. 그렇다면 대기 중 이산화탄소 농도 상승은 환영해야 할 일이 아닐까? 그렇지 않다. 대기 중 이산화탄소 농도가 상승하면 지구 온난화가 일어나 지구의 기후가 변한다. 우선 비의 양이 달라지는데, 어떤 지역에서는 평소보다 더 많은 비가 내리고 어떤 지역에서는 평소보다 훨씬 적은 비가 내릴 것이다. 그러면 오랜 기간 그 기후에 순응해 살아오던 식물의 생육이 나빠질 수 있다.

벼, 채소, 과일 등 인간이 재배하는 식물은 더욱 심각한 상황을 맞이한다. 이들은 재배 지역의 기후에 맞춰서 품종개량이 이루어지고 재배 노하우가 확립되었으나 강수량이 변화함에 따라 품종의 특성도, 재배 노하우도 통하지 않을 것이기 때문이다. 결국 식물의 생육이 나빠짐으로써 수확량이 큰 폭으로 줄어들 것이다. 대기 중 이산화탄소 농도의 상승은 식물과 인간 모두에게 상당한 곤란을 초래할 것이다.

한편 이산화탄소 부족을 고민하지 않는 식물이 있다. C_4 식물이다. 식물이 이산화탄소를 흡수해서 최초로 만드는 물질의 탄소 수가 4개인 식물로, 옥수수와 사탕수수가 대표적이다.

C_4 식물은 PEP 카르복실라아제라는 효소를 가지고 있다. 이 효소 덕에 이산화탄소를 효율 좋게 체내로 끌어들인다. 그래서 이산화탄소 부족이 발생하지 않고 빛을 헛되이 하는 일도 없다. 한낮의 강한 태양광을 모두 사용해도 여전히 빛이 부족할 정도다.

• C_3 식물의 이산화탄소 흡수

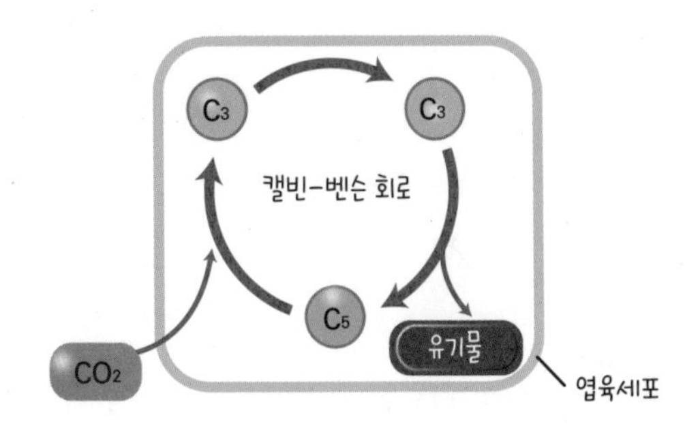

이산화탄소에서 포도당 등의 유기물을 만드는 경로를 '캘빈-벤슨 회로'라고 한다.

• C_4 식물의 이산화탄소 흡수

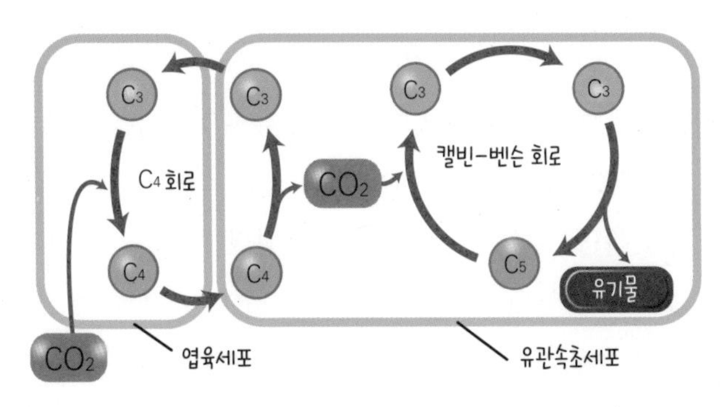

2-11 밤에 저장한 이산화탄소를 낮에 활용해 광합성 하는 식물, 'CAM 식물'

식물은 이산화탄소를 흡수하기 위해 낮 동안 기공을 연다. 그런데 낮에 기공을 열면 증산이 활발해져서 체내 수분을 잃게 된다. 이는 건조지역에서 살아가는 식물에게 특히 심각한 문제다.

건조지역에서는 공기가 건조한 데다 강한 태양빛이 비추기 때문에 식물이 기공을 열면 바로 식물 내부 수분을 잃어버리고 만다. 그래서 건조지역 식물은 물을 확보하는 다양한 방법을 고안했다.

어떤 식물은 뿌리를 땅속 깊숙이 뻗도록 발달시킨다. 지하 깊은 곳의 물을 찾아 뿌리를 길게 뻗는 것이다. 또 어떤 식물은 땅 위 몸속 수분이 간직되도록 증산하는 물의 양을 줄인다. 이를 위해 잎의 표면적 비율을 가능한 작게 하여 잎을 바늘처럼 만들기도 하고 두껍게 다육화하기도 한다. 잎에 분포하는 기공 수를 줄이거나 몸 표면을 밀랍 성분으로 코팅하는 경우도 있다. 선인장 몸이 하얗게 빛나는 것은 밀랍 성분 때문이다.

하지만 광합성을 하려면 이산화탄소가 반드시 필요하기 때문에 식물은 어쨌든 기공을 열어야 한다. 몇몇 종이 치열하게 고민한 끝에, 태양빛이 강한 한낮에는 기공을 닫고 서늘한 밤에 기공을 여는 성질을 몸에 익히게 되었다. 이들은 밤에 기공을 열어 이산화탄소를 흡수한 후 체내에 축적한다. 그러고는 낮이 되어 빛 에너지를 얻을 때 몸속에 저장해둔 이산화탄소를 꺼내 광합성을 한다.

이러한 성질을 가진 식물은 'CAM 식물'이라고 한다. 꿩의비름, 선인장, 파인애플이나 아나나스 등 건조에 강한 다육식물이 이 부류에 속한다. 26과 500여 종이 알려져 있다. CAM은 '크래슐산 대사(다육식물 유기산대사)'를 의미하는 Crassulacean Acid Metabolism의 첫 글자를 나열한 것이다.

• **꿩의비름**

현재 CAM 식물로 돌나무과, 선인장과, 아나나스과 등 26과 500여 종이 알려져 있다. 선인장, 알로에, 칼랑코에, 칼랑코에 피나타, 파인애플 등이 대표적인 식물이다.

2-12 CAM 식물의 요수량이 현저히 낮은 까닭은?

식물이 소비하는 물의 양은 몸의 크기, 생육되는 장소의 온도나 습도, 태양빛의 세기 등에 따라 민감하게 변화한다. 그래서 식물의 물 소비량은 식물을 건조시켜 수분을 없앤 뒤 무게(건조중량)가 1그램 느는 데 사용되는 물의 양으로 나타내기로 정했다.

이 물의 양을 '요수량'이라 한다. 요수량은 물의 무게를 나타내는 단위를 붙이지 않으며, 그 숫자는 식물의 건조중량을 1그램 늘리는 데 사용되는 물의 양을 말한다. 요수량은 C_3 식물, C_4 식물, CAM 식물에 따라 크게 다르다.

C_3 식물의 요수량은 500~800이다. 이는 건조중량을 1그램 늘리기 위해 물 500~800그램을 소비한다는 의미다. 체중을 불과 1그램 늘리는 데 상당한 양의 물을 사용하는 식물이다.

C_4 식물의 요수량은 220~350으로, C_3 식물과 비교했을 때 물이 반 정도 절약되는 셈이다. C_4 식물이 물을 절약한다고 해서 성장이 억제되는 것은 아니다. C_4 식물은 앞에서 소개한 것처럼 이산화탄소를 효율적으로 이용하기 때문이다.

CAM 식물의 요수량은 50~100이다. CAM 식물은 태양빛으로 인한 증산 걱정이 없는 밤에 기공을 열어 이산화탄소를 받아들인다. 그래서 낮에 기공을 열 필요가 없기 때문에 CAM 식물은 증산에 의한 물 손실을 C_3 식물의 10분의 1 정도로 절약하고 있다.

• **요수량 비교**

요수량	
C_3 식물	500 ~ 800
C_4 식물	220 ~ 350
CAM 식물	50 ~ 100

• **흔히 볼 수 있는 CAM 식물인 알로에**

• 칼럼 02

브로콜리가 지닌 발암물질 독성 제거력과 체외 배출 효능의 숨은 열쇠, '설포라판'

씨앗 속에는 식물 종류에 따라 다양한 영양물질이 축적되어 있다. 벼, 밀, 옥수수 등의 씨앗은 녹말을, 대두와 완두콩 등 콩류의 씨앗은 단백질을 많이 포함하고 있다. 또 유채, 참깨, 해바라기, 피넛 등의 씨앗은 많은 지질을 품고 있다.

이러한 씨앗 속 영양물질은 발아할 때 에너지원이 되거나 새싹의 형태를 형성하는 재료가 된다. 씨앗에서 싹이 틀 때 이들 양분은 단백질, 비타민 같은 다양한 성분으로 변화하기 때문에 새싹은 씨앗일 때보다 풍부한 영양소를 품고 있다.

예를 들어 삶은 대두에는 비타민 C가 거의 포함되어 있지 않지만 대두가 발아한 상태인 데친 콩

나물에는 비타민 C가 들어 있다.

그래서 씨앗이 갓 싹을 틔운 새싹을 먹는 '새싹채소'가 '스프라우트(sprout)'라고 불리며 인기를 얻고 있다. 옛날부터 흔히 먹은 새싹채소로 콩나물과 무순을 들 수 있다. 콩나물은 빛을 비추지 않고 키우는 새싹채소, 무순은 빛을 비춰서 키운 새싹채소다. 스프라우트의 원조는 콩나물과 무순인 셈이다.

스프라우트 중 최근에 인기 높은 채소를 꼽으라면 브로콜리를 빼놓을 수 없다. 1992년, 브로콜리에 '설포라판(Sulforaphane)'이라는 성분이 많이 포함되어 있음이 발견되었기 때문이다. 설포라판은 발암물질을 무독화시키거나 체외로 배출시키는 효능이 있다고 알려졌다. 설포라판은 성장한 브로콜리보다는 스프라우트에 더 많이 포함되어 있다고 한다.

식물을 키우다 보면 어느새 꽃봉오리가 만들어져
꽃이 피어나는 것을 볼 수 있다. 그런데 '언제, 어떻게 해서
꽃봉오리가 만들어질까?'와 같은 의문을 가져본 적이 거의 없다.

- 꽃봉오리는 언제 만들어질까?
- 꽃봉오리를 만드는 물질이 있을까?
- 꽃봉오리는 어떻게 모양을 만들까?
- 꽃봉오리는 무엇을 신호로 개화할까?
- 왜 꽃은 아름답게 치장할까?

제 3 장

꽃봉오리는 어떤 원리로 열리고 닫힐까?

Section 1 꽃봉오리의 형성

3-1 왜 대다수 식물은 가을에 씨앗을 만들까?

많은 식물은 봄이나 가을에 꽃을 피운다. 싹을 틔워 꽃봉오리를 만들기까지의 성장을 '영양성장'이라고 하고, 꽃봉오리를 만든 이후의 성장을 '생식성장'이라고 한다. 영양성장에서 생식성장으로 이행함으로써 우리가 재배하는 풀꽃이나 꽃나무, 채소, 과일 등은 그 가치가 완전히 달라진다.

예를 들어, 주로 감상을 위해 꽃을 활용하는 백합, 튤립, 카네이션 같은 풀꽃은 꽃봉오리가 생기고 꽃이 피는 생식성장으로 이행을 할 때 비로소 그 가치가 생긴다. 또 가지, 토마토, 피망 등 과실이 식재료로 활용되는 채소 역시 꽃봉오리가 만들어져 꽃을 피울 때 비로소 수확의 기대가 커지며 가치가 올라간다.

한편, 잎이나 뿌리가 식용이 되는 시금치, 무 같은 채소는 꽃봉오리가 생기고 꽃이 피어나 생식성장으로 이행하면 씨앗을 만들기 위해 잎과 뿌리에 축적하고 있던 영양분을 사용한다. 그러면 잎과 뿌리 속 영양치가 낮아지기 때문에 채소로서의 가치가 급격히 떨어진다.

따라서 우리가 재배하는 풀꽃, 꽃나무, 채소, 과실 등은 영양성장에서 생식성장으로 이행하는 과정을 인간이 제어할 필요가 있다. 그렇기 때문에 꽃봉오리가 만들어지는 '구조'를 알아야 한다.

가을에 꽃을 피우는 식물이 많다. 그런데 왜 그들은 가을에 꽃을 피울까? 식물은 씨앗을 만들기 위해 꽃을 피운다. 그러므로 '왜 많은 식물이 가을에 씨앗을 만들까?'라는 질문으로 바꿀 수 있다.

씨앗에는 몇 가지 중요한 역할이 있다. 그중 하나는 열악한 환경에서도 잘 견디며 살아가는 것이다. 식물에게 매번 찾아오는 열악한 환경이란 무엇일까? 바로 매년 겨울 찾아오는 혹독한 추위다.

따라서 많은 식물은 추운 겨울날을 씨앗 상태로 견디기 위해 가을에 꽃봉오리를 만들어 꽃을 피우고 씨앗을 만드는 것이다.

• 식물의 생활 순환

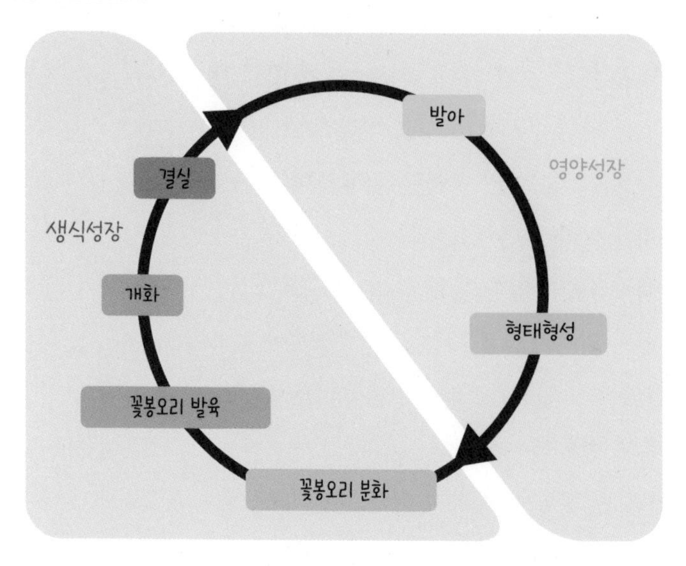

씨앗이 싹을 틔운 후 꽃봉오리가 만들어지기까지의 성장은 '영양성장',
꽃봉오리가 만들어진 뒤부터 결실을 맺을 때까지의 성장은 '생식성장'이라고 한다.

3-2 식물 잎이 낮과 밤의 길이 변화로 온도 변화를 예측한다?

'왜 많은 식물이 가을에 꽃을 피울까?'라는 질문의 답은 '가을이 추운 겨울 앞에 있기 때문'이다. 그렇다면 '왜 많은 식물이 봄에 꽃을 피울까?'라는 질문의 답도 이끌어낼 수 있다. '봄은 더운 여름 앞에 있기 때문'이다.

더위에 약한 식물에게 열악한 환경은 매년 찾아오는 한여름의 무더위다. 따라서 더위에 약한 식물은 여름의 무더운 날을 씨앗 상태로 보내기 위해 봄에 꽃을 피우고 씨앗을 만든다.

가을에 꽃을 피우는 식물은 가을이 지나면 곧 추위가 닥쳐온다는 것을 아는 것과 마찬가지로, 봄에 꽃을 피우는 식물은 봄이 지나면 곧 더위가 시작될 것을 미리 알고 있는 것이다.

신기하지 않은가? 식물은 어떻게 추위 또는 더위가 곧 시작된다는 것을 미리 알 수 있을까?

이는 식물의 잎이 낮과 밤의 길이를 측정하기 때문이다. 잎이 낮과 밤의 길이를 측정하는 것만으로 추위나 더위가 시작될 것을 예측한다는 말일까? 그렇다. 식물의 잎은 낮과 밤의 길이 변화를 통해 온도 변화를 미리 알 수 있다.

낮과 밤의 길이 변화와 온도 변화의 관계를 생각해보자. 북반구에서는 6월 하순 하지를 지나면 낮의 길이가 점점 짧아지고 밤의 길이가 점점 길어진다. 그러다 12월 하순 동짓날 낮의 길이는 가장 짧고 밤의 길이는 가장 길다. 그런데 겨울 추위는 1월 말에서 2월 사이에 절정에 이른다. 즉 낮과 밤의 길이 변화가 강추위가 몰려오는 시기보다 선행하는 것이다.

가장 더워지는 시기 역시 마찬가지다. 12월 하순 동지를 지나면서 낮의 길이는 점점 길어지고 밤의 길이는 점점 짧아진다. 그리고 6월 하순 하짓날 낮의 길이는 가장 길고 밤의 길이는 가장 짧다. 그러나 무더위는 2개월쯤 후인 8월 중후반에 절정에 다다른다.

따라서 식물은 낮과 밤의 길이를 측정함으로써 더위와 추위가 몰려올 것을 두어 달 전에 알 수 있는 것이다.

• 낮과 밤의 길이 변화와 기온 변화의 예

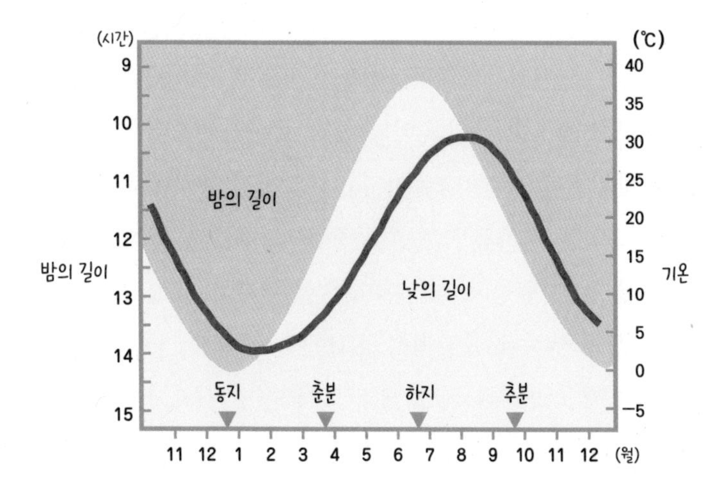

3-3 일조 시간을 조절하여 개화 시기를 제어하는 '전조 재배'

식물이 꽃봉오리를 만들어 꽃을 피우는 구조를 알면 계절과 상관없이 꽃을 공급할 수 있다. 예를 들어 슬픈 일이 있을 때 많이 사용하는 국화는 1년 내내 공급되어야 한다. 그런데 국화는 낮의 길이가 짧아지고 밤의 길이가 길어질 때 꽃봉오리를 만들고 꽃을 피우는 식물이다. 그러므로 국화를 재배하는 온실을 전등으로 밝혀서 낮 길이가 길게 유지되도록 하고 밤의 어둠은 제공하지 않는다. 이렇게 전등으로 조명을 비추어 일조 시간을 조절하는 것을 '전조재배(電照栽培)'라고 한다. 이렇게 재배하면 계속 꽃봉오리를 만들지 않는다.

그러다 꽃의 출하일이 정해지면 그날에 맞춰 꽃봉오리가 성장하도록 전등을 끄거나 저녁부터 암막 커튼을 치거나 하며 꽃봉오리를 만드는 데 필요한 낮의 길이와 밤의 길이를 제공한다. 그러면 필요한 시기에 꽃봉오리가 만들어지고 때맞춰 꽃을 피운다.

1월에 출하하는 국화꽃을 예로 들어보자. 품종에 따라 조금씩 차이를 두겠으나, 1월에 꽃을 피워야 하는 국화는 11월 중순까지 밤에 전등을 켜놓은 채 온실에서 재배한다. 그리고 11월 중순 이후 전등을 꺼서 낮의 길이를 짧게 하고 밤의 길이를 길게 만들어주면 1월에 꽃을 피운다.

생선회 등에 곁들이는 차즈기(차조기, 소엽) 잎은 독특한 향이 나는 녹색 잎이다. 차즈기는 가정의 텃밭에서는 봄에 싹을 틔우기에 여름에서 가을에 거쳐 잎을 이용할 수 있다. 하지만 겨울이 되면 차즈기는 추위에 시들어버린다. 그래서 1년 내내 생선회에 차즈기를 곁들이기 위해서는 따뜻한 온실에서 재배해야 한다. 그리고 신경 써야 할 일이 또 하나 있다.

차즈기는 하지를 지나 낮의 길이가 짧아지고 밤의 길이가 길어지면 꽃봉오리를 만들어 꽃을 피운다. 꽃이 피면 잎에 품고 있던 영양분을 씨앗을 만드는 데 사용하기 때문에 가을에 차즈기 잎은 아름다운 녹색을 상실한다. 그러므로 1년 내내 파릇한 녹색 잎을 얻으려면 차즈기가 온실에서 꽃봉오리를 만들게 두면 안 된다. 차즈기를 온실에서 재배하는 가을에서 겨울까지는 낮의 길이가 짧아지고 밤의 길이가 길어지는 시기, 즉 차즈기가 꽃봉오리를 만들 수 있는 환경이 갖추어지는 시기다. 그러므로 온실에서 재배하더라도 밤에 전등을 밝히는 '전조재배'를 해야 한다.

• **국화 전조재배**

사진 제공: JA 오이타

3-4 5월에 싹 틔운 줄기도 8월에 싹 틔운 줄기도 9월에 꽃피는 이유

식물은 낮과 밤의 길이를 계산해 꽃봉오리를 만들고 꽃을 피운다. 식물이 낮과 밤의 길이에 반응하는 성질을 '광주기성(光周期性)'이라 한다. 식물의 이러한 성질을 어떻게 알게 되었을까?

1918년 미국 식물학자 W. 가너와 H. 알라드는 몇몇 종류의 대두 씨앗을 5월부터 8월에 걸쳐 다양한 날에 심었다. 그후 언제 심은 씨앗이든 모두 제각각 싹을 틔우고 성장했다. 9월이 되었을 때, 5월에 싹을 틔운 줄기와 8월에 싹을 틔운 줄기가 성장 기간 차이로 인해 줄기 길이와 잎의 수가 달랐다.

당시에는 '식물은 자라며 혼자 알아서 꽃봉오리를 만들고 꽃을 피운다'라고 생각했다. 그렇다면 이 실험에서 식물의 성장 정도가 제각각이니 꽃봉오리가 만들어지는 것 역시 제각각이어야 했다. 그런데 실제로는 5월에 싹을 틔워 자란 줄기도, 8월에 싹을 틔워 자란 줄기도, 모두 9월이 되자 꽃봉오리를 만들고 꽃을 피웠다.

식물이 꽃봉오리를 만드는 데 있어 중요한 것은 '줄기의 키가 어느 정도 자랐는가?' 또는 '얼마큼의 기간 동안 성장했는가?' 등이 아니었다. 9월이라는 시기가 중요했던 것이다. 그리고 시기에 따라 변화하는 환경요인으로는 온도, 빛의 세기, 낮과 밤의 길이 등을 생각할 수 있다.

가너와 알라드는 이들 환경을 신중하게 고려해 실험을 계속했다.

그 결과 식물은 온도와 빛의 세기를 변화시켰을 때는 꽃봉오리를 만들지 않다가 낮이 짧아지고 밤이 길어지니 꽃봉오리를 만들었다. 가너와 알라드는 다른 식물을 대상으로 같은 실험을 반복했다.

그렇게 알아낸 것이 '광주기성'이다. 즉, 많은 식물이 낮과 밤의 길이에 반응해 꽃봉오리를 만든다는 사실이 밝혀졌다.

이에 주목하면 대부분의 식물을 3가지 형태로 나눌 수 있다. 단일식물, 장일식물, 중성식물이다.

• 낮과 밤의 길이에 반응해서 꽃봉오리를 만드는 3가지 형태

구분	특징	식물 예
단일식물 (短日植物)	낮이 짧고 밤이 길어지면 꽃을 피운다.	국화 / 나팔꽃 코스모스 벼 / 도꼬마리 등
장일식물 (長日植物)	낮이 길고 밤이 짧아지면 꽃을 피운다.	유채꽃 무 / 밀 / 시금치 약모밀(어성초) 붓꽃 / 카네이션 등
중성식물 (中性植物)	낮과 밤의 길이에 상관없이 꽃을 피운다.	서양민들레 토마토 / 완두 옥수수 등

중성식물은 낮과 밤의 길이에 반응하지 않고, 일정 기간 동안 발육시키면 혹은 잎의 수나 일정 연령에 달하면 꽃을 피운다.

3-5 나팔꽃 개화에 '낮 길이'보다 '밤 길이'가 더 중요한 까닭은?

식물이 낮과 밤의 길이에 반응해서 꽃봉오리를 만든다는 것을 알았다. 그러면 '낮과 밤 중 어느 쪽 길이가 더 중요할까?' 이 질문의 답을 구하려는 시도가 많은 식물을 대상으로 이루어졌다.

단일식물인 나팔꽃으로 한 실험을 살펴보자. 나팔꽃이 싹을 틔우자 전등을 계속 비춘 상태로 두었다. 그러자 꽃봉오리를 만들려는 기미를 조금도 보이지 않았다. 나팔꽃은 밤의 어둠이 없으면 꽃봉오리가 생기지 않는 것이다.

그래서 다양한 길이의 밤(어둠)을 한 번씩 제공하며 실험을 이어갔다. 예를 들어 어두운 환경을 7시간, 8시간, 9시간 만들어줬을 때에도 꽃봉오리는 만들어지지 않았다. 어둠의 시간을 조금씩 늘리면서 9시간 15분 이상의 어둠을 제공하자 드디어 꽃봉오리가 생겼다.

나팔꽃은 밤의 길이에 반응하면서 꽃봉오리를 만드는 것이다. 다시 말해, 꽃봉오리가 만들어지기 위해서는 낮의 길이보다는 밤의 길이가 훨씬 중요하다는 것을 알게 되었다. 꽃봉오리가 만들어지느냐 아니냐의 경계가 되는 밤의 길이를 '임계암기(한계암기)'라고 한다.

장일식물을 대상으로도 실험한 결과 '단일식물은 임계암기 이상의 어둠을 느끼면 꽃봉오리를 만들고, 장일식물은 임계암기 이

하의 어둠을 느끼면 꽃봉오리를 만든다'라는 사실을 알았다.

식물은 우리가 상상하는 것보다 훨씬 더 정확하게 밤의 길이를 측정한다. 많은 경우 단 15분 차이를 식별하면서 꽃봉오리를 만들지 말지를 결정했다. 예를 들어 벼의 한 품종은 밤의 길이가 9시간 45분일 때는 꽃봉오리를 만들지 않지만 밤의 길이가 10시간이 되면 꽃봉오리를 만든다. 도꼬마리는 밤의 길이가 8시간 15분일 때는 꽃봉오리를 만들지 않지만 밤의 길이가 8시간 30분이 되면 꽃봉오리를 만든다. 차즈기는 어둠이 9시간 30분일 때는 꽃봉오리를 만들지 않지만 어두운 시간이 15분 늘어 9시간 45분일 때는 꽃봉오리를 만들었다.

• 어둠 시간 길이에 따라 꽃봉오리를 만드는 반응

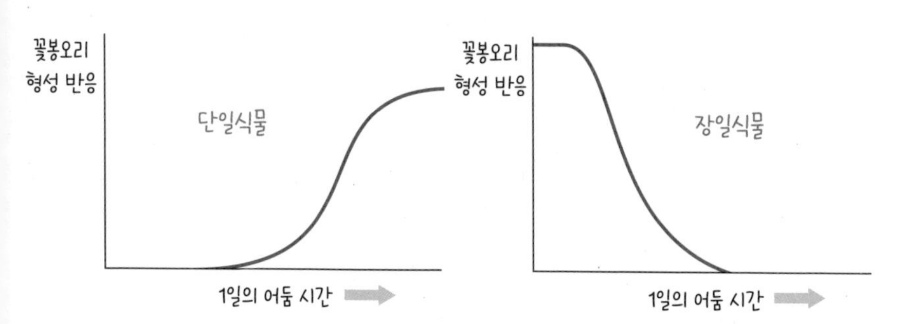

임계암기의 길이는 식물의 종류, 품종에 따라 다 다르다. 하지만 단일식물의 꽃봉오리 형성 반응은 어둠 시간이 길어질수록 촉진된다. 반면 장일식물의 꽃봉오리 형성 반응은 어둠 시간이 짧아질수록 촉진된다. 꽃봉오리가 만들어지는가 아닌가의 차이는 불과 15분이다.

식물의 어디를 차단하면 꽃봉오리가 만들어질까?

식물은 밤의 길이를 측정해 꽃봉오리를 만들고 꽃을 피운다는 것을 알았다. 그러면 '식물의 어느 부분이 밤의 길이를 측정할까?' 라는 질문으로 이어가보자.

이를 확인하기 위해 나팔꽃을 대상으로 실험을 했다. 나팔꽃이 싹을 틔우자 전등을 계속 비춘 채로 키웠다. 나팔꽃은 밤의 길이가 길어지지 않으면 꽃봉오리를 만들지 않는다. 그래서 잎, 줄기, 새싹, 뿌리 중 한 부분씩 골라 검은 종이 같은 것으로 덮어 꽃봉오리를 만들 수 있는 긴 어둠을 부분적으로 제공해보았다. 어느 부분의 빛을 차단했을 때 꽃봉오리가 만들어졌을까?

검은 종이로 잎을 가린 경우에만 꽃봉오리가 만들어졌다. 즉, 꽃봉오리를 만들기 위해 필요한 밤의 길이를 느끼는 것은 바로 잎이다. 많은 식물의 경우, 막 싹을 틔운 새싹의 잎도 밤의 길이를 느낀다. 예를 들어 나팔꽃은 씨앗이 움터서 최초로 나온 떡잎(자엽)도 어둠을 느낀다. 따라서 떡잎이 긴 어둠을 감지할 수 있게 하면 작은 새싹에 꽃봉오리를 만드는 것이 가능하다. 식물의 잎이 꽃봉오리를 만들기 위한 어둠의 길이를 측정한다. 그렇기 때문에 어둠을 느끼는 잎은 빛에 민감하다.

잎이 밤의 길이를 측정하는 중간에 아주 짧은 시간이라도 빛을 비추어 어둠이 지속되지 않게 하면 어떻게 될까? 식물은 꽃봉오리를 만들지 않는다. 나팔꽃은 어둠이 16시간 지속되었을 때 꽃봉오리를 맺었다. 그런데 어둠을 제공하는 도중에(어둠이 지속되고 8시간쯤 후) 빛을 짧게 비추기만 해도 꽃봉오리를 맺지 않는다.

어둠 중간에 빛을 비추면 꽃봉오리를 만드는 어둠의 효과가 사라지는 것이다. 어둠 중에 아주 잠깐 빛을 비추어 어둠을 중단하는 것을 '광중단'이라고 한다.

• 광중단과 꽃봉오리 형성

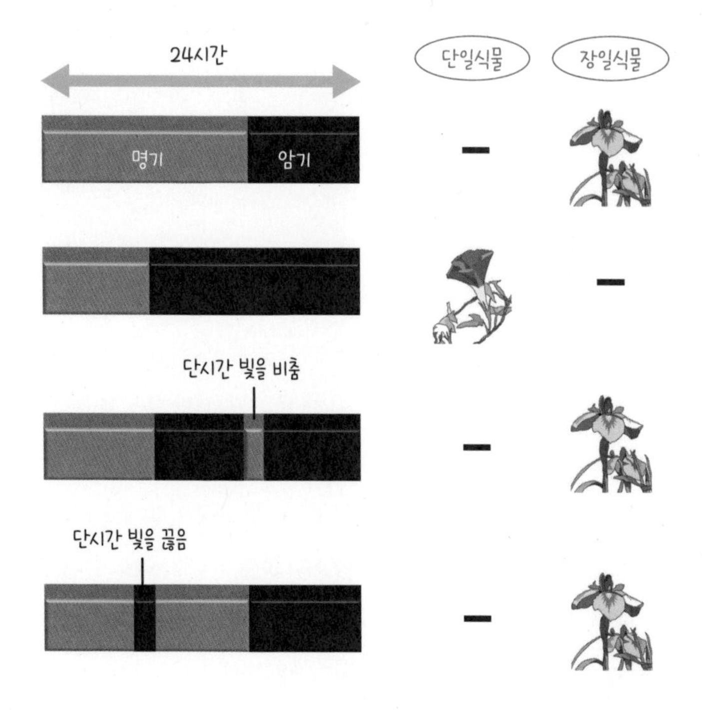

단일식물은 밤의 길이가 임계암기를 넘으면 꽃봉오리를 형성한다. 그런데 이 밤이 한창일 때 빛을 몇 분간 제공하면 꽃봉오리가 형성되지 않는다. 이는 일정 시간 이상의 어둠이 계속되는 것이 단일식물의 꽃봉오리 형성에 필요하다는 것을 의미한다.

꽃봉오리를 만드는 물질, 플로리겐의 정체는?

'꽃봉오리는 식물의 어느 부분에서 만들어질까?' 이런 의문을 품고 식물을 관찰한 경험이 있는 사람은 많지 않을 것이다. 실제로 이 질문을 던지면 '꽃봉오리는 새싹에서 만들어진다'라고들 대답한다. 정답이다. 꽃봉오리는 새싹에서 만들어진다.

한편 식물이 꽃봉오리를 만들기 위해 필요한 밤의 어둠 길이를 재는 것은 잎이라는 것을 알았다. 그런데 잎과 새싹은 떨어져 있다. 그렇다면 잎은 꽃봉오리를 만들기에 충분한 밤의 어둠을 느낀 후 새싹에게 '꽃봉오리를 맺어라'라는 신호를 보내야 한다. 동물처럼 신경이 이어져 있지 않은 식물은 이러한 신호를 어떻게 보낼까?

1936년, 구소련 식물학자 미하일 차일라햔은 '꽃봉오리를 만들기 위해 필요한 밤의 어둠을 느낀 잎이 꽃봉오리를 맺게 하는 물질을 만들어 새싹에게 보낸다'라는 가설을 내놓았다. 그러면서 잎이 새싹에게 보내는 물질을 '플로리겐(화성호르몬)'이라고 명명했다.

플로리겐은 잎에서 만들어져 새싹에서 꽃봉오리를 만들게 하는 물질이다. 그렇다면 만일 우리가 플로리겐을 손에 넣을 수 있다면 원하는 때에 플로리겐을 새싹에 제공해 꽃봉오리를 맺게 하고 꽃을 피울 수 있다. 꽃 재배는 물론 꽃이 핀 뒤에 만들어지는 씨앗이나 과실을 이용하는 경우에도 수확까지의 재배기간을 조절할 수 있어 효율적 재배가 가능하다.

그래서 이후 수많은 연구자들이 잎에서 플로리겐을 채취하려고 시도했다. 하지만 아쉽게도 차일라한이 가설을 발표하고 70년 가까운 시간이 지나도록 플로리겐 채취에 실패했다. 그래서 플로리겐은 '환상의 물질'로 불리기 시작했다.

그러던 중 최근 벼나 애기장대를 대상으로 플로리겐의 정체가 밝혀졌다. 이는 뒤에서 소개하겠다.

• 차일라한의 '꽃봉오리 형성' 가설

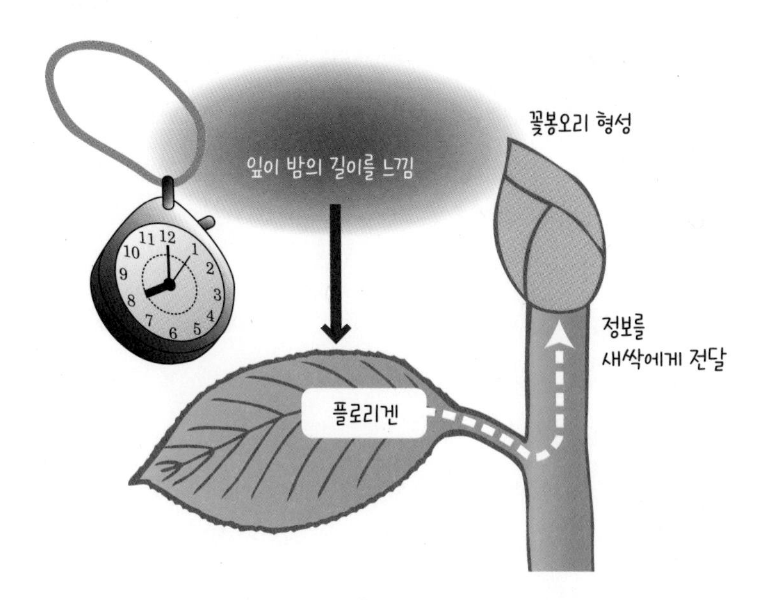

잎이 꽃봉오리를 형성하기 위해 필요한 밤의 어둠을 느낀 후 꽃봉오리를 만드는 물질을 만들어 새싹에게 보낸다고 여겨졌다. 그 물질은 '플로리겐'이라 명명되었다.

장일식물 유전자는 왜 단일식물 유전자와 유사할까?

애기장대에서는 FT 유전자가 꽃봉오리를 만들기 위해 필요한 밤의 어둠을 느끼는 잎에서 활동한다. 인위적으로 이 유전자가 활동하지 않게 하면 꽃봉오리 형성이 늦어지고, 반대로 이 유전자가 적극적으로 활동하게 하면 꽃봉오리가 만들어진다. 또한 잎에서 FT 유전자가 활동하며 만드는 단백질이 잎에서 새싹으로 이동하는 것이 발견되었다.

벼에서는 Hd3a 유전자가 밤의 어둠을 감지하는 잎에서 활동한다. 이 유전자를 인위적으로 활동하게 하면 꽃봉오리 형성이 촉진된다. 그리고 애기장대 경우와 마찬가지로, Hd3a 유전자가 잎에서 만들어진 뒤 잎에서 새싹으로 이동하는 것이 확인되었다. 따라서 벼에서는 Hd3a 유전자가 만드는 단백질이 꽃봉오리를 맺게 한다고 여겨진다.

이로써 애기장대에서 FT 유전자를 만들어내는 단백질(FT 단백질), 벼에서 Hd3a 유전자가 만들어내는 단백질(Hd3a 단백질)이 플로리겐으로 밝혀졌다.

애기장대의 FT 유전자와 벼의 Hd3a 유전자가 만들어내는 단백질의 성질은 상당히 유사하다. 그래서 애기장대와 벼에서는 거의 같은 성질의 단백질이 잎에서 만들어져 새싹으로 보내지고 꽃봉오리 형성을 촉진한다고 할 수 있다.

애기장대는 밤이 짧아지면 꽃봉오리를 만드는 장일식물이다. 한편 벼는 밤이 길어지면 꽃봉오리를 만드는 단일식물이다. 따라서 'FT 유전자와 Hd3a 유전자가 만들어내는 단백질의 성질이 상당히 유사하다'라는 것은 '플로리겐이 장일식물과 단일식물에서 무척 닮은 단백질이다'라는 의미다.

• **FT 단백질에 의한 '꽃봉오리 형성'**

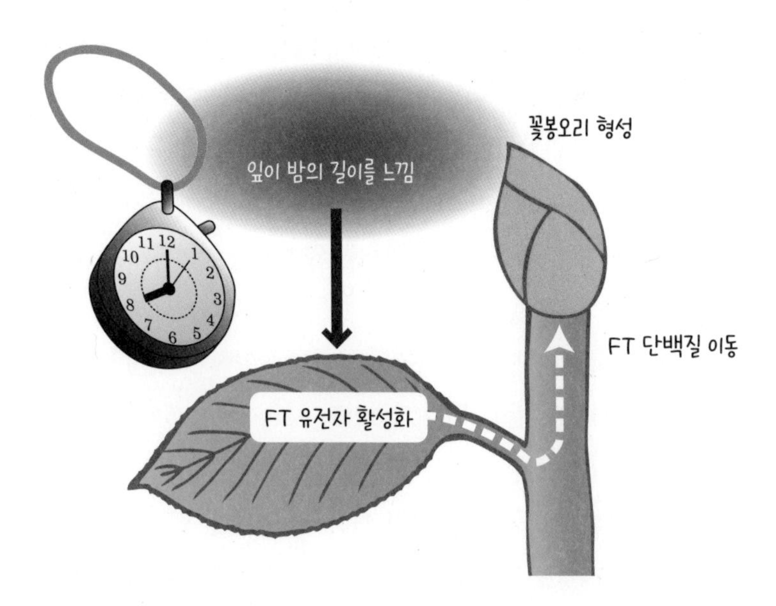

FT 유전자가 만들어내는 단백질은 Hd3a 유전자가 만들어내는 단백질과 아주 닮았다. 이는 플로리겐을 찾는 과정에서 고려되던, '플로리겐은 장일식물과 단일식물의 공통 성질이다'라는 가설과 일치한다.

Section 1 꽃봉오리의 형성

3-9 가을 파종 품종이 봄 파종 품종보다 품질이 뛰어난 이유

밀에는 가을 파종 품종과 봄 파종 품종이 있다. 가을 파종 품종은 가을에 씨앗을 뿌리고 이듬해 초여름에 수확한다. 봄 파종 품종은 봄에 씨앗을 뿌려 그해 중에 수확한다. 단, 가을 파종 품종은 씨앗을 뿌리면 가을에 싹을 틔우기 때문에 겨울에서 이른 봄 사이 '밀밟기'를 해주어야 한다. 밀밟기, 보리밟기란 갓 나온 밀이나 보리의 새싹을 발로 밟아주는 일(답압)로, 추위에 얼어 부풀어 오른 겉흙을 눌러주고 새싹의 뿌리가 잘 내리게 하는 것이다. 최근 일본이나 한국에서는 밀과 보리 재배가 줄었기 때문에 답압을 흔히 볼 수 없다. 나아가 요즘에는 밀과 보리 싹을 밟아주는 작업에 트랙터 등을 활용하곤 한다.

차가운 바람이 휘몰아치는 밭에서 밀이나 보리 새싹을 사람이 직접 밟아주는 풍광은 50~60년 전까지 흔했다. '뿌리가 서리를 맞아 끊어지지 않게 하기 위해'라든가 '밟아주어 강한 새싹으로 만들기 위해'라고 정성을 쏟은 것이다.

'추운 날 들판에서 새싹을 밟아주는 수고를 해야 한다면 봄에 씨앗을 뿌리는 품종으로 심으면 되는 것 아닐까?'라는 의문이 생길 수 있다. 하지만 가을 파종 품종이 봄 파종 품종보다 수확량이 많고 품질도 더 뛰어나다. 그래서 답압이라는 수고를 감수하며 가을 파종 품종을 많이 재배한 것이다.

한데 가을 파종 품종 씨앗을 봄에 뿌리면 어떻게 될까? 그해에는 잎만 무성할 뿐 꽃봉오리를 볼 수 없다. 즉, 가을 파종 밀의 새싹은 한겨울 낮은 온도를 겪지 않으면 꽃봉오리를 만들지 않는다. 이처럼 겨울을 경험한 이후 꽃봉오리가 만들어지는 현상을 '춘화(春化)'라고 한다.

봄에 가을 파종 품종 씨앗을 뿌리고도 초여름에 꽃을 피게 하는 방법이 있다. 봄에 씨앗을 밭에 뿌리기 전 조금 싹을 틔운 종자를 냉장고에 넣고 낮은 온도를 느끼게 하는 것이다. 섭씨 0~10도 정도의 낮은 온도가 유효하며 섭씨 4~5도가 가장 효과적이다. 냉장고에 넣어두는 기간은 품종에 따라 다르지만 수 주일 정도가 필요하다. 이처럼 일정 기간 동안 저온 처리해서 발육에 변화를 주는 방법을 '버날리제이션(춘화처리)'라고 한다.

• 꽃봉오리를 맺기 위해 겨울 추위를 필요로 하는 식물

가을에 싹을 틔운 후 새싹이 겨울을 넘기며 춘화처리 되고 이듬해 초여름에 결실을 맺는 식물	밀, 보리, 호밀, 무 등
봄에 싹을 틔워 성장한 줄기나 잎이 겨울을 넘기며 춘화처리 되고 이듬해에 개화, 결실을 맺는 식물	양파, 양배추 등
꽃이 피기 전 겨울에 춘화처리 되고 봄에 개화하는 다년생 식물	제비꽃, 앵초, 술패랭이꽃 등

Section 1 꽃봉오리의 형성

3-10 '꽃대가 선다'라는 말의 의미는?

겨울 밭에서는 무, 마늘, 배추, 시금치 등이 줄기를 늘리지 않고 지표면 가까운 높이에서 겨울 추위를 견디며 춘화처리 된다. 따라서 밭에 남겨진 그루는 봄이 되면 줄기를 급속하게 늘리며 꽃을 피운다. 양상추와 양배추 등에서도 줄기가 자라면서 꽃이 핀다. 이것이 봄의 방문을 알리는 '꽃대가 서는' 현상이다. '꽃대'란 꽃을 피우기 위해 늘어나기 시작한 줄기를 말한다.

이 현상은 '어린 시절 겪은 겨울 추위 경험을 성장해서 꽃봉오리를 만들 때까지 기억한다'라고도 말할 수 있다. 식물에게 어린 시절 일을 기억하는 능력이 있는 것 같은 현상이다. 밀뿐 아니라 봄에 꽃을 피우는 무, 양배추, 배추 등도 이러한 성질을 가지고 있다.

무는 저온에서 춘화처리 되면 꽃봉오리를 만든다. 그리고 따뜻해지면 꽃줄기를 늘리며 꽃을 피운다. 꽃이 피면 영양이 꽃 쪽으로 이동하기 때문에 식용 부위 맛이 떨어진다.

춘화가 성립되려면 갓 움튼 싹이 저온을 경험해야 한다. 예를 들어 무 씨앗은 적절한 온도, 물, 공기라는 세 가지 기본조건이 제공되면 싹을 틔운다. 막 발아한 작은 새싹을 한 달 정도 냉장고에 넣어 낮은 온도를 체험하게 하는 춘화처리를 한다. 그런 후 이 새싹을 봄밭에 이식하면 줄기가 자라고 꽃봉오리를 만들며 꽃을 피운다.

새싹을 저온처리하지 않고 바로 봄밭에 이식하면 꽃봉오리가 만들어지지 않는다. 또한 발아하지 않은 씨앗 자체를 한 달 정도 저온에 둔 뒤 봄밭에 이식해도 꽃봉오리는 만들어지지 않는다. 따라서 막 움튼 새싹이 저온을 느끼는 것이 중요함을 알 수 있다.

춘화처리에서는 저온을 겪은 후 꽃봉오리를 맺을 수 있는 상태가 되기 때문에 낮은 온도에 있는 동안 꽃봉오리를 만드는 물질이 적극적으로 만들어진다고 여겨졌다. 그리고 이 물질을 '버날린(vernalin)'이라 불렀다. 하지만 최근에는 '저온을 겪음으로써 꽃봉오리가 맺히는 것을 억제하는 상태가 해제되기 때문에 꽃봉오리가 만들어진다'라는 쪽이 더 설득력을 얻고 있다.

• 무 터널재배

자연에서의 춘화는 밤의 저온으로 진행되는데, 낮 기온이 높았다면 밤의 저온 효과를 기대하기 힘들다. 무를 터널재배 하는 것은 바로 이 성질을 이용하는 것이다. 즉, 낮에 터널 내부를 고온이 되게 해서 꽃봉오리가 생기는 것을 억제하고 꽃대가 서는 것을 늦춘다.

사진 제공: 오카야마현 연합주민자치회 사이트의 마키이시 학구 '사진으로 보는 미야모토 부근의 세시기'(2009년 2월 24일부터)

3-11 식물의 꽃을 피우게 하는 세 가지 물질은?

'꽃대가 서는' 현상을 일으키는 것은 '지베렐린(gibberellin)'이라는 물질이다. 겨울 추위가 자극이 되어 식물 몸속에서 지베렐린이 만들어진다. 추위가 누그러지고 따뜻해지는 때가 오면 축적된 지베렐린이 줄기를 늘리며 꽃을 피운다.

지베렐린이 꽃대를 세우는 현상을 일으킨다는 것을 확실하게 보여주는 실험은 쉽게 할 수 있다. 겨울 추위를 겪지 않으면 식물은 봄이 되어도 꽃대가 서지 않는다. 그런 식물에게 지베렐린을 주입하면 꽃대가 서는 현상이 일어난다.

마늘, 양배추, 샐러리 등 장일식물은 꽃봉오리를 만들기 전에 일정 기간 동안 낮은 온도를 체험해야 한다(이들을 '저온요구성 식물'이라고 한다). 하지만 이들에게 지베렐린을 주면 저온을 겪을 필요가 없어지기 때문에 저온을 겪지 않고도 꽃봉오리를 맺는다.

뿐만 아니라 지베렐린은 장일식물이 꽃을 피우게 하는 역할도 한다. 장일식물은 임계암기 이상으로 어둠이 있으면 꽃봉오리를 만들지 않는다. 이 때에도 지베렐린을 주입하면 꽃봉오리를 만든다. 지베렐린에 반응해서 꽃봉오리를 만드는 식물로는 끈끈이대나물, 갯무, 시금치, 양상추, 피튜니아 등이 알려져 있다.

꽃봉오리를 만드는 물질로 '에틸렌'과 '옥신'도 있다. 파인애플 밭에서는 에틸렌 발생을 촉진하는 '에스렐(ethrel)'을 산포해 한꺼번에 꽃봉오리가 형성되게 한다. 그 결과 개화기, 수확기가 비슷해지기 때문에 기계를 이용해 동시에 수확할 수 있게 된다. 에틸렌은 파인애플뿐 아니라 관엽식물로 재배되는 아나나스의 꽃봉오리도 만들 수 있다.

옥신은 에틸렌 생성을 촉진시킴으로써 꽃봉오리를 맺게 한다.

• 지베렐린으로 꽃봉오리를 맺고 꽃을 피우는 식물

장일식물	갯무, 양상추, 끈끈이대나물, 양귀비, 시금치, 피튜니아 등
저온요구성 식물	샐러리, 스토크, 데이지, 물망초, 양배추, 마늘 등

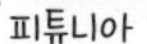

피튜니아

샐러리

3-12 꽃을 형성하는 구조 'ABC 모델'이란?

꽃봉오리는 새싹의 성장점에서 형성된다. 그때 어떤 유전자가 활동하는지는 1991년 영국 생물학자 엔리코 코엔과 미국 생물학자 엘리엇 마이어로위츠가 애기장대를 대상으로 명확하게 밝혀냈다.

애기장대는 십자화과 식물로, 애기장대 꽃은 바깥쪽부터 꽃받침, 꽃잎, 수술, 암술의 네 부분으로 되어 있다. 꽃을 위에서 보면 동심원 상태 영역 바깥쪽부터 꽃받침, 꽃잎, 수술, 암술 순서로 형성된다.

코엔과 마이어로위츠가 논문에서 주장한, 꽃을 형성하는 이 구조를 'ABC 모델'이라고 한다. 두 연구자는 '꽃의 네 부분을 형성하기 위해 A, B, C 세 종류 유전자가 작용한다'라고 설명했다.

A, B, C 유전자가 움직이는 영역은 제각각 정해져 있다. 편의상, 동심원 상태 영역을 꽃의 바깥쪽부터 순서대로 1, 2, 3, 4 번호를 붙였다.

영역 1에서는 A 유전자만 활동한다. 영역 2에서는 A 유전자와 B 유전자가 활동한다. 영역 3에서는 B 유전자와 C 유전자가 활동하며, 영역 4에서는 C 유전자만 활동한다.

A 유전자만 활동하는 영역 1에서는 꽃받침이 형성되고, A 유전자와 B 유전자가 활동하는 영역 2에서는 꽃잎이 형성된다. B 유전자와 C 유전자가 활동하는 영역 3에서는 수술이 형성되고, C 유

전자만 활동하는 영역 4에서는 암술이 형성된다. B 유전자는 영역 2와 영역 3에서 활동하지만 B 유전자만으로는 정확한 꽃잎도, 수술도 형성되지 않는다.

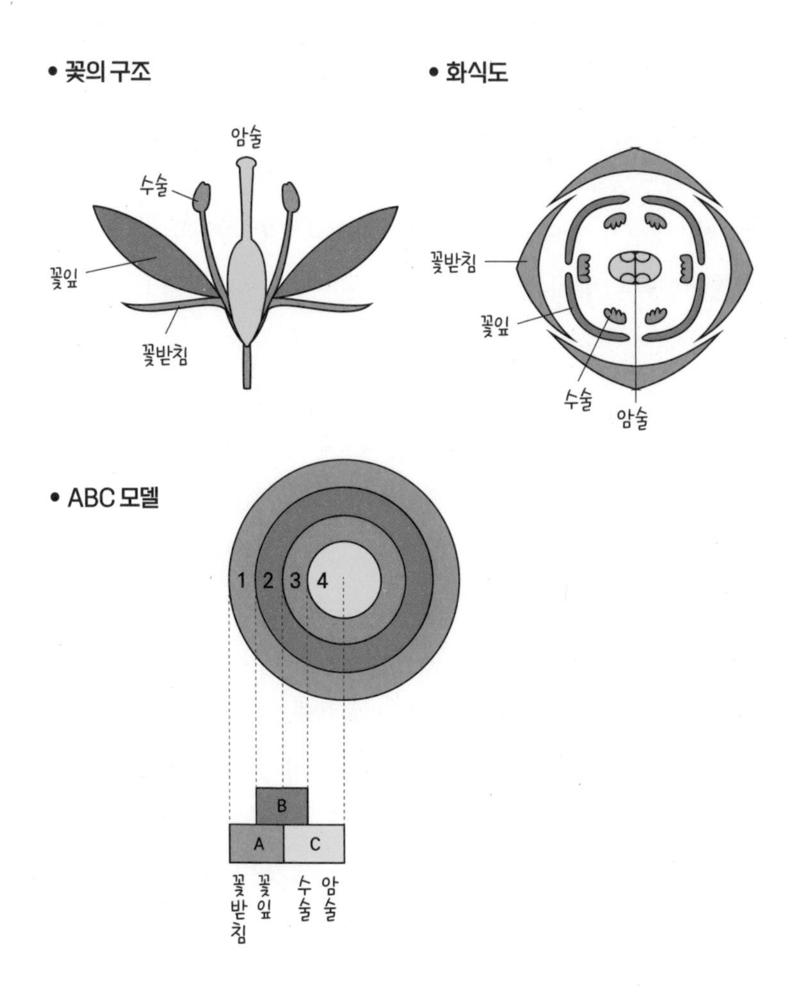

3-13 A, B, C 유전자가 돌연변이를 일으키면?

ABC 모델에서는 A, B, C 유전자 가운데 A 유전자와 C 유전자는 서로 움직임을 견제하다가 어느 쪽인가가 돌연변이를 일으켜 활동하지 않게 된 경우 그 영역에 다른 한쪽이 들어가서 활동한다는 것을 알았다.

예를 들어 A 유전자가 활동하지 않는 경우에는 C 유전자가 영역 1과 영역 2까지 들어가서 활동한다. 따라서 영역 1에서는 C 유전자만 활동해서 암술이 형성된다. 영역 2에서는 B 유전자와 C 유전자가 활동해서 수술이 형성된다. 영역 3에서는 B 유전자와 C 유전자가 활동해서 수술이 형성되고, 영역 4에서는 C 유전자만 활동해서 암술이 형성된다. 그 결과 꽃받침과 꽃잎은 형성되지 않은 채 꽃 바깥쪽부터 암술, 수술, 수술, 암술이 되는 꽃이 핀다.

C 유전자가 활동하지 않는 경우 A 유전자가 영역 3과 영역 4까지 들어가서 활동한다. 영역 1에서는 A 유전자만 활동해서 꽃받침을 형성하고, 영역 2에서는 B 유전자와 A 유전자가 활동해서 꽃잎을 형성한다. 영역 3에서는 B 유전자와 함께 C 유전자를 대신하는 A 유전자가 활동해서 꽃잎을 형성한다. 영역 4에서는 A 유전자만 활동해서 꽃받침을 형성한다. 그 결과 암술과 수술이 형성되지 않은 채 꽃 바깥쪽부터 꽃받침, 꽃잎, 꽃잎, 꽃받침이 되는 꽃이 핀다.

B 유전자가 활동하지 않는 경우 영역 1에서는 A 유전자가 활동

해서 꽃받침이 형성되고, 영역 2에서는 A 유전자만 활동해서 꽃받침이 형성된다. 영역 3에서는 C 유전자만 활동해서 암술이 형성되고 영역 4에서도 C 유전자만 활동해서 암술이 형성된다. 그 결과 꽃잎과 수술이 형성되지 않은 채 꽃 바깥쪽부터 꽃받침, 꽃받침, 암술, 암술이 되는 꽃이 핀다.

• A, B, C 유전자가 돌연변이를 일으켰을 때

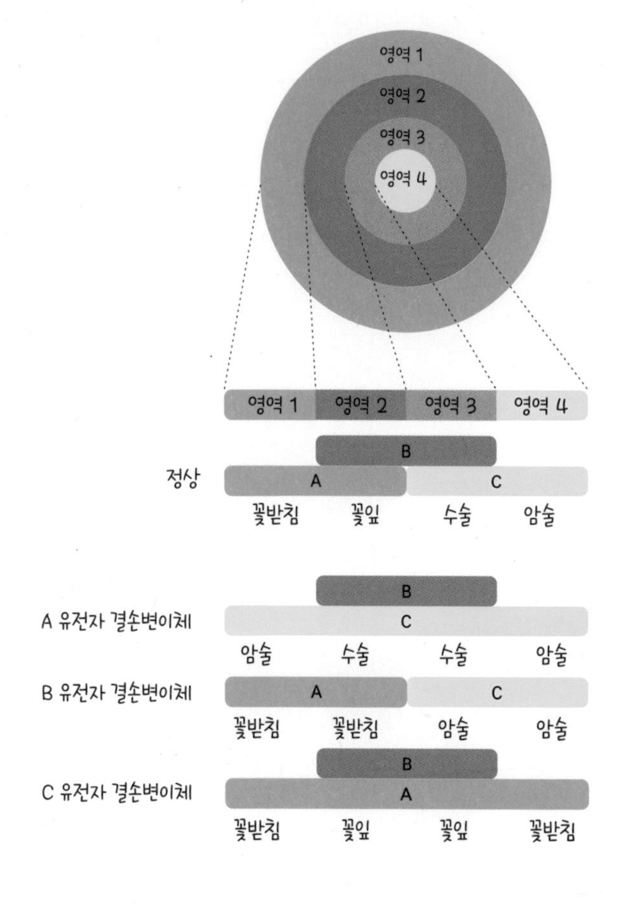

3-14 꽃봉오리는 어떤 원리로 열리고 닫힐까?

꽃봉오리가 성장하면 드디어 개화, 즉 꽃이 피는 시기를 맞이한다. 많은 식물은 꽃봉오리 개화 시각이 정해져 있다.

'꽃시계'를 본 적이 있는가? 흔하게 볼 수 있는 꽃시계는 예쁘게 꾸며진 화단 위쪽에 시계 바늘이 돌아가는 형태일 것이다. 하지만 본래 꽃시계는 그런 시시한 것이 아니다. 화단 시계판 각각의 시각 위치에 그 시각에 꽃이 피는 식물을 심는 것으로, 어느 꽃이 피었는가를 보고 시각을 알 수 있도록 한 것이 바로 꽃시계다. 즉, 꽃시계는 식물이 정해진 시각에 꽃을 피우는 성질을 상징하는 것이다.

한편 꽃이 열리거나 닫히는 식물도 많다. 예를 들어, 튤립꽃은 '아침에는 열리고 저녁에는 닫히는' 개폐운동(수면운동)을 10일 정도 반복한다. 꽃을 잘라 실내에 둘 경우, 인위적으로 방의 온도를 높이면 꽃이 열리고 온도를 낮추면 꽃이 닫힌다.

1953년 영국의 W. M. L. 우드는 이러한 꽃의 개폐운동 구조를 알아내고자 두툼한 꽃잎을 외측과 내측 두 층으로 분리해 물에 띄웠다. 그런 후 물의 온도를 높이자 꽃잎 내측이 민감하게 반응하며 급속도로 늘어났다. 반면 꽃잎 외측은 천천히 늘어났다.

이 실험 결과는, '기온이 오르면 꽃잎 내측이 외측보다 빨리 자라기 때문에 외측으로 벌어진다. 그것이 개화현상이다'라는 것을 알려준다.

한편 꽃잎을 띄운 물의 온도를 낮추자 꽃잎 내측은 거의 자라지 않은 반면 외측은 급속도로 성장했다. 이는 '기온이 내려가면 꽃잎 외측이 급속도로 자라지만 내측은 거의 자라지 않기 때문에 외측으로 벌어지지 않는다. 이것이 폐화현상이다'라는 것을 알려준다. 이로써 꽃의 개폐 구조를 명확히 알게 되었다.

이 구조는 온도 변화에 따라 꽃잎의 신장이 좌우된다는 것을 확실히 보여준다. 꽃이 열릴 때는 꽃잎 내측이 더 자라고 꽃이 닫힐 때는 꽃잎 외측이 더 자라는 이 개폐 구조는 꽃이 열렸다 닫혔다 하는 모든 꽃에 공통된 특징이다.

• 꽃의 개폐 구조

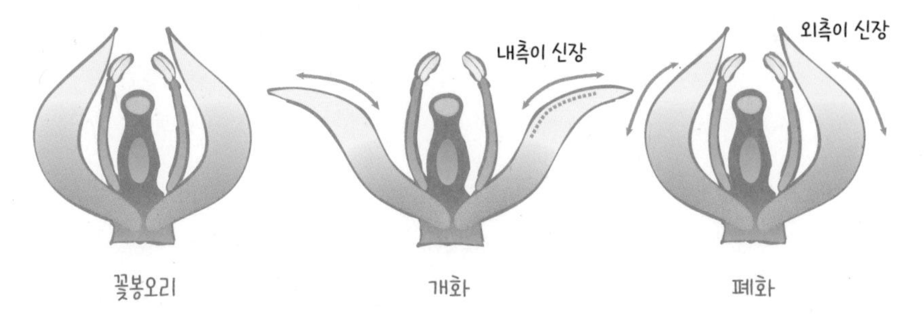

앞서 다룬 '굴성'을 떠올려보자. 이와 관련해 '경성(傾性)'이라는 성질이 있다. 경성은 빛이나 열 등의 자극을 받은 식물이 주어진 자극 방향에 영향받지 않고 정해진 방향으로 운동을 일으키는 성질을 말한다. 꽃봉오리가 열리는 현상이 바로 경성이다.

꽃봉오리가 열리는 것은 꽃잎이 바깥쪽으로 열리기 때문이다. 꽃잎은 바깥쪽으로 열리는 것으로 정해져 있다. 그러므로 이는 자극과 상관없이 일정하게 움직이는 경성인 것이다. 기온이 올라서 꽃이 열리는 것은 '열경성'이라고 하며, 튤립꽃의 개폐운동이 열경성이다. 빛이 닿아서 꽃이 열리는 것은 '광경성'이라고 한다.

참고: 다나카 오사무 『꽃의 신비로움 100』(SB크리에이티브, 2009년)

3-15 꽃봉오리가 정해진 시각에 일제히 꽃피우는 비밀

꽃이 피는 시각이 정해진 꽃봉오리는 어떤 자극을 느껴서 정해진 시각에 일제히 꽃을 피울까? 엄밀하게 구별하기는 힘들지만 크게 세 가지 자극을 들 수 있다.

첫째는 기온 변화로, 튤립꽃이 대표적이다. 둘째는 아침에 밝아지는 것에 자극 받는 경우로 민들레꽃을 예로 들 수 있다. 밤 기온이 섭씨 13도 이상이었던 날 아침에 서양민들레꽃은 날이 밝으면 꽃잎이 열린다. 밤 기온이 그보다 낮은 날에는 아침에 날이 밝아도 기온이 오르지 않으면 꽃이 열리지 않는다. 셋째는 저녁에 어두워지는 것에 자극 받는 경우로 나팔꽃, 달맞이꽃, 월하미인 등을 들 수 있다. 이들의 꽃봉오리는 어두워진 후 일정 시간이 경과하면 꽃이 열린다. 예를 들어 나팔꽃은 저녁 어둠이 내린 뒤 10시간쯤 후에 꽃이 열리는 것이 정해져 있다. 한여름 나팔꽃이 아침에 꽃을 피우는 듯한 인상을 주지만, 알고 보면 이는 전날 저녁 어두워지기 시작한 뒤 10시간쯤 후가 아침이 밝아오는 시간과 일치한 것이다. 만일 인위적으로 아침에 어두운 환경을 조성하더라도 전날 어둠이 시작된 뒤 10시간 정도 지나면 나팔꽃 꽃봉오리는 활짝 열린다.

이런 유형의 식물은 어둠이 내린 후부터 시간을 측정하기 때문에 어두워지는 시간을 인위적으로 조절하면 개화 시각이 바뀐다. 다시 말해, 저녁에 피어나는 월하미인을 낮에 개화하게 하고 싶다면 개화 3일 정도 전 꽃봉오리가 부풀기 시작하면 낮에 어두운 방에 넣어두던지 두꺼운 종이 상자를 덮어 빛을 차단해준다. 그리고 밤에 전등을 비추어준다. 이렇게 3일 정도 반복하면 이후 월하미인 꽃봉오리가 낮에 열린다.

이들 식물은 시간을 측정하는 구조를 가지고 있다. 이러한 구조를 '생체시계', '체내시계', '생물시계', '내생리듬(주기성)' 등으로 부른다. 또 '서캐디안리듬'이라고도 하는데, 이는 '약 1일(24시간)의 주기성'을 의미한다. '서캐디안리듬'은 '개일(概日)리듬', '일주현상'이라고도 한다.

• **개화 자극**

기온이 오르면 개화하는 식물	튤립, 꽃쇠비름, 크로커스 등
밝아지면 개화하는 식물	민들레, 자주괭이밥 등
저녁 어둠에 자극 받아 어둠이 일정 시간 지속된 후 개화하는 식물	나팔꽃, 달맞이꽃, 월하미인 등

'꽃봉오리가 크게 자라면 저절로 꽃이 핀다'라고 생각하기 쉽다. 하지만 그런 일은 없다. 꽃봉오리가 자랄 만큼 자랐다고 해서 저절로 꽃을 피우는 것은 아니다. 꽃봉오리가 개화하기 위해서는 외부 자극이 필요하다. 따라서 꽃봉오리를 맺은 화분을 기온 변화가 없는 방에 두고, 전등을 계속 비추어 밝기 변화도 일어나지 않게 하면 꽃봉오리는 커지기만 할 뿐 개화하지 않는다. 꽃봉오리를 열 만한 자극을 못 느꼈기 때문이다.

3-16 꽃은 어떤 물질로 자기 몸을 치장할까?

많은 식물이 아름답고 예쁜 색 꽃을 피워 눈을 사로잡는다. 식물은 왜 꽃을 피우는 것일까? 바로 씨앗을 만들기 위해서다. 꽃이 피었다면 씨앗을 만들어야 하며, 이를 위해서는 벌과 나비가 들러 화분(꽃가루)을 옮겨주어야 한다. 따라서 예쁜 색깔로 치장하고는 '여기 꽃이 피었단다'라며 벌과 나비를 불러들이는 것이다.

그렇다면 꽃에 어울리지 않는 색이 있음을 쉽게 알아차릴 것이다. 바로 잎과 똑같은 초록색이다. 꽃이 초록색이라면 초록색 잎 사이에서 꽃이 눈에 띄지 않을 것이다. '녹색 꽃'을 피우는 식물이 아예 없지는 않겠지만, 그런 경우라도 잎과 구별되지 않을 정도의 녹색 꽃은 아닐 것이다.

또한 많은 식물의 꽃은 잎보다 위쪽에 피어서 잎에 가려지지 않으려 한다. 꽃을 받치는 가지나 줄기를 잎보다 더 높게 올려서 그 끝에 꽃을 피우는 식물이 많다. 이 또한 꽃이 아름답고 예쁘게 치장하는 이유가 '벌과 나비를 불러들이기 위해'서라는 것을 분명히 뒷받침해준다.

꽃이 몸을 치장하는 데 사용하는 색의 정체는 주로 '안토시아닌(anthocyanin)'과 '카로티노이드(carotenoid)'라는 물질이다. 이들은 꽃잎 색을 내는 요소, 즉 '색소'다. 앞에서 살펴본, 잎의 녹색의 바탕이 되는 클로로필 역시 색소라는 것을 상기하자.

안토시아닌은 폴리페놀이라는 물질의 일종으로 붉은색이나 푸른색 꽃에 포함되어 있다. 나팔꽃, 피튜니아, 시클라멘 같은 붉은색 꽃이나 도라지, 용담, 팬지 같은 푸른색 꽃의 색소가 안토시아닌이다.

카로티노이드는 노란색이나 연한 핑크빛이 도는 붉은색으로 화사함이 특징이다. 민들레, 매리골드 같은 꽃의 색소가 카로티노이드다.

식물이 이들 색소를 활용해 예쁘게 치장하는 이유가 벌과 나비에게 잘 보이기 위해서만은 아니다. 중요한 이유가 하나 더 있다. 바로 식물의 자외선 대책인데, 이는 뒤에서 살펴보자.

• **꽃의 색소**

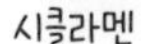

시클라멘

매리골드

'안토시아닌'과 '카로티노이드'라는 두 색소로 꽃의 색을 결정하는 식물이 많다. 카로티노이드를 대표하는 물질은 '카로틴'이다. 카로틴은 당근 뿌리나 고추 등과 더불어 붉은색, 오렌지색, 노란색 꽃의 색소 물질이다.

Section 2 개화

3-17 식물을 해치는 활성산소를 없애는 두 가지 물질은?

식물이 안토시아닌이나 카로티노이드 같은 색소로 아름답게 치장하는 이유는 벌이나 나비를 불러들이기 위한 것뿐 아니라 자외선의 피해에 맞서기 위해서다.

자외선은 식물과 인간 몸에 닿았을 때 '활성산소'라는 물질을 발생시킨다. 활성산소는 몸의 노화를 촉진시키고 많은 병의 원인이 되는 유해한 물질이다. 그래서 자연에서 식물은 자기 몸은 물론 꽃 속에서 생기는 씨앗을 자외선으로부터 지켜야만 한다. 그러자면 자외선이 닿음으로써 생기는 유해한 활성산소를 꽃 속에서 제거할 필요가 있다.

그래서 식물은 활성산소를 없애는 역할을 하는 '항산화물질'을 몸에서 만든다. 항산화물질이라면 대표적으로 비타민 C와 비타민 E를 들 수 있다. 그리고 식물이 만드는 대표적인 항산화물질이 있다. 바로 안토시아닌과 카로티노이드라는, 꽃잎을 아름답고 예쁘게 장식하는 색소다.

식물은 이들 색소를 활용해 꽃을 치장하고 꽃 속에 생기는 씨앗을 지킨다. 다시 말해, 식물은 꽃잎을 아름답게 치장함으로써 자외선을 받아 생기는 유해한 활성산소를 제거할 수 있는 것이다.

식물에 닿는 태양빛이 강하면 강할수록 활성산소의 피해를 없애기 위해 많은 색소를 만들기 때문에 꽃의 색이 점점 더 짙어진다. 고산식물의 꽃 중에는 진하고 화사한 색을 지닌 경우가 많다. 공기가 맑은 높은 산 위는 자외선이 더 많이 비추기 때문이다.

또한 태양빛이 강하게 내리쬐는 밭이나 화단 등 노지에서 재배된 식물의 꽃은 자외선을 흡수하는 유리 온실에서 재배된 식물에 비해 색이 훨씬 화사하다. 자외선이 포함된 태양빛을 직접 받기 때문이다.

• **대표적 항산화물질**

항산화물질	많이 함유한 채소, 과일 등
비타민 C	브로콜리, 토마토, 새싹 양배추, 레몬, 키위, 딸기, 감, 귤
비타민 E	땅콩, 호박, 시금치, 아몬드
폴리페놀	
플라보노이드	
케르세틴	양파, 아스파라거스
루틴	대두, 메밀
루테올린	된장, 민트, 샐러리
안토시아닌	레드와인, 가지, 검은콩
카테킨	녹차, 화이트와인
리그난	
세사미놀	참깨
카로티노이드화합물	
베타카로틴	인삼, 호박, 시금치, 쑥갓
리코펜	토마토, 수박
루테인	옥수수, 시금치
푸코산틴	미역, 톳, 다시마
캡산틴	고추
아스타산틴	헤마토코쿠스

3-18 백색 꽃잎에 들어 있는 두 가지 색소, '플라본'과 '플라보놀'

적색이나 청색 꽃잎에는 주로 안토시아닌이 포함되어 있다. 황색 꽃잎에는 카로티노이드가 포함되어 있다. 그러면 백색 꽃잎에는 어떤 색소가 포함되어 있을까? 궁금하지 않은가?

백색 꽃잎에는 '플라본(flavone)'이나 '플라보놀(flavonol)'이라는 색소가 포함되어 있다. 이들도 항산화물질이지만, 백색 색소가 아닌 무색투명이나 옅은 크림색이다. 따라서 이들 색소만 포함되었다면 꽃잎은 무색투명이거나 옅은 크림색으로 보여야 한다.

그런데 꽃이 흰색으로 보이는 이유는 꽃잎 속에 많은 공기거품이 있기 때문이다. 작은 거품에 빛이 닿으면 빛을 반사해서 하얗게 보인다.

예를 들어 비닐봉투에 하얀 거품을 모은 다음에 거품을 없애면 비닐색이 된다. 또한 폭포의 물보라를 떠올려보자. 물보라는 하얗게 보이지만 폭포에 흐르는 것은 평범한 물이다. 비누거품도 마찬가지다. 하얀 거품을 모으면 비눗물색이 된다. 이것은 작은 공기거품이 하얗게 보이기 때문이다. 이처럼 백색 꽃잎 안에 작은 거품이 포함되어 있고 이 거품이 꽃을 하얗게 보이게 하는 것이다.

따라서 백색 꽃의 꽃잎에서 거품을 없애면 그 꽃은 흰색이 아니게 된다. 오른쪽 페이지의 그림처럼, 백색 꽃잎을 떼어서 엄지와 검지로 쥐고 강하게 눌러보자. 그 부분이 투명해진다.

안토시아닌을 포함하고 있는 붉은색이나 푸른색 꽃이나 카로티노이드를 포함하고 있는 노란색 꽃에도 공기거품이 많이 있다. 안토시아닌이나 카로티노이드의 색이 강해서 거품에 반사된 백색이 보이지 않을 뿐이다.

• **백색 꽃 실험**

국화, 코스모스, 흰꽃나도사프란, 백합, 토레니아 같은 백색 꽃을 준비한다.

① 백색 꽃잎을 한 장 집어낸다.

② 엄지와 검지로 쥔다.

③ 손가락에 힘을 주어 꽃잎을 꾹 누른다.

그러면 손가락에 눌린 부분이 무색투명해진다. 꽃잎 전체를 이렇게 누르면 무색투명 꽃잎이 된다.

• 칼럼 03

곰팡이가 만들어 벼 모의 키를 비정상적으로 자라게 하는 물질, '지베렐린'

'지베렐린'이라는 물질이 발견된 계기는 벼의 모가 논에서 비실비실하게 키만 길게 자라는 병 때문이었다. 키가 비정상적으로 자라난 모는 쓰러지기 쉽고 쌀이 열리지도 못한 채 고사했다. 벼에 이삭이 열려도 결실이 나빴기에 '바보 모'라던가 '멍청이 키다리 모'라 불렀고, 이 병은 '벼키다리병'이 되었다.

농업시험장에서 벼키다리병의 원인을 조사하던 구로사와 에이이치는 이 병에 걸린 모는 반드시 특정 곰팡이(Gibberella fujikuroi)에 감염되어 있음을 발견했다. 1926년에 구로사와는 그 곰팡이가 만드는 물질을 모아서 벼의 모에 주었다. 그러자 곰팡이에 감염되지 않아도 모의 키가 자랐다. 즉, 곰팡이가 만드는 물질이 모의 키를 키운다는 사실을 알아낸 것이다.

이 연구를 이어간 도쿄제국대학교수 야부타 데이지로는 1938년에 곰팡이가 만드는 물질 중에서 모의 키를 키우는 물질을 순수한 형태로 걸러냈다. 그리고 이 물질을 '지베렐린'이라고 명명했는데, 이는 병을 일으키는 곰팡이 '지베렐라'의 이름을 따서 만든 명칭이다.

이처럼 지베렐린은 '곰팡이가 만들어서 벼 모의 키를 비정상적으로 자라게 하는 물질'로 발견되었다. 그 후 많은 식물이 지베렐린을 만들고 있으며, 지베렐린은 식물의 성장을 조절하고 줄기 성장, 발아, 휴면, 개화, 잎과 과일의 노화 등 식물 발달 과정에 다양한 영향을 미치는 호르몬이라는 사실이 밝혀졌다. 이로써 지베렐린은 세계적으로 유명한 물질이 되었다.

꽃이 피고 나면 씨앗이 만들어진다.
맛있는 과육을 가진 과실이 되기도 하고
과실 속에 씨앗이 없는 경우도 있다.
씨앗과 과실이 만들어지는 신비로운 현상을 들여다보자.

- 무엇이 꽃가루관을 유도할까?
- 씨앗은 어떻게 만들어질까?
- 무엇이 과실을 성숙하게 할까?
- 씨가 없는 구조란 뭘까?
- 성질은 어떻게 유전될까?

제 4 장

바나나는 어쩌다 '씨 없는 과일'이 되었나?

4-1 감자 번식법이 자칫 그 생물 종의 전멸로 이어질 수 있다고?

모든 생물 종은 새로운 개체를 만든다. 이러한 현상을 '생식'이라고 한다. 생식 방법에는 암과 수라는 성이 관련된 '유성생식', 성과 상관없는 '무성생식'이 있다.

감자나 고구마의 땅속줄기에서 싹이 나와 새로운 개체를 만들거나 백합이나 수선화 구근에서 개체가 늘어나는 것은 무성생식이다. 무성생식은 부모와 같은 성질을 지닌 분신이 생겨나는 것에 불과하다. 더위나 추위에 약하고, 어떤 병에 걸리기 쉬운 것 같은 유전적 성질이 그대로 전해진다. 이러한 생식은 생물에게 이롭지 않다. 같은 성질만 가지고 있을 경우 열악한 환경 변화가 일어나면 그 생물 종은 전멸할 가능성이 있기 때문이다.

살아 있는 생명이 생식 행위를 한다는 것은 개체수를 늘리는 것뿐 아니라 다양한 성질을 지닌 개체(자손)를 만든다는 의미를 지닌다. 개체의 성질이 다양하면 환경이 어떻게 변화하든 살아남는 개체가 있어 그 생물 종은 존속할 수 있다.

다양한 성질의 자손을 만드는 생식 방법은 서로 다른 성을 가진 배우자가 합체해 자손을 만드는 것이다. 이것이 유성생식이다. 암수 배우자가 합체함으로써 암의 개체가 가지는 성질과 수의 개체가 가지는 성질이 섞여 다양한 성질을 가진 자식이 태어난다.

식물의 유성생식은 수술의 꽃가루(화분)가 암술의 암술머리에 부착하는 수분으로 시작된다. 식물은 꽃가루를 암술머리로 이동시키는 일을 바람, 곤충, 새, 물의 흐름 등에 맡긴다. 이런 꽃을 풍매화, 충매화, 조매화, 수매화라 한다.

• 감자의 무성생식

감자의 땅속줄기에서 싹이 나오는 현상은 무성생식이다. 몇몇 식물의 줄기에서 뿌리가 나오는 현상도 무성생식이다. 예를 들어 별꽃의 잎이 붙은 줄기를 잘라 물에 담그면 잎이 붙은 부분이나 줄기의 자른 부분에서 뿌리가 나온다. 이것을 재배하면 한 포기 별꽃이 된다. 식물의 이러한 힘을 이용한 것이 '삽목'이다. 포도나 블루베리 등의 그루를 늘릴 때 활용한다.

• 꽃가루의 이동

풍매화	소나무, 삼목, 벼, 뽕나무, 옥수수
충매화	벚나무, 유채, 귤, 장미, 자운영
조매화	동백나무, 애기동백, 차나무, 비파, 매화나무, 복숭아나무
수매화	검정말, 부들, 나사말, 붕어마름

조매화의 화분을 매개하는 새는 동박새, 직박구리, 휘파람새, 벌새 등이 있다.

4-2 식물이 자기 꽃가루를 자기 암술에 붙여 번식하지 않는 중요한 이유

보통의 꽃에는 암술과 수술이 있다. 수술은 수컷 생식기, 암술은 암컷 생식기이므로 꽃은 암수 생식기를 모두 가지고 있는 것이다. 그래서 '양성화(兩性花)'라고 한다.

한편 한 그루에 수술만 가진 수꽃과 암술만 가진 암꽃이 따로 있는 식물이 있다. 이를 '자웅동주(雌雄同株)'라고 한다. 또 수꽃만 피우는 수그루와 암꽃만 피우는 암그루로 나뉜 식물이 있는데, 이를 '자웅이주(雌雄異株)'라고 한다.

자웅동주와 자웅이주의 경우 씨앗이나 열매가 한쪽에서만 맺히든지 수그루의 꽃가루가 암그루의 암술과 만나지 못하면 씨앗이나 열매가 맺히지 못하는 등의 불이익이 생긴다. '꽃 하나에 암술과 수술이 같이 있으면 그러한 불이익이 없을 텐데, 왜 이렇게 불편한 방법을 취하게 되었을까?

많은 식물의 꽃 안에는 암술과 수술이 함께 있다. 하지만 이들 중에도 '자기 꽃가루를 같은 꽃 안에 있는 자기 암술에 붙여 씨앗 만들기'를 원하지 않는 경우가 많다. 그렇게 하면 자기와 꼭 닮은 씨앗만 만들어질 것이기 때문이다. 또 숨겨져 있던 나쁜 성질이 발현되는 경우도 있다. 그래서 자기 꽃가루와 자기 암술로 씨앗을 만들고 싶어 하지 않는다. 그렇다보니 자기 꽃가루를 자기 암술에 붙여도 씨앗을 만들지 않는 성질을 가진 식물도 있다. 이러한 성질을

'자가불화합성'이라고 한다.

자웅이주 식물에서는 수그루의 꽃가루가 암그루의 암술에 붙음으로써 씨앗(자손)이 만들어진다. 따라서 암그루와 수그루가 각각 가진 성질이 합쳐지며 다양한 자식이 태어난다.

자웅동주 식물에서는 같은 그루의 꽃가루가 붙는 경우도 있긴 하지만 다른 그루의 꽃가루가 붙어서 자손을 만들 가능성이 높다. 그때 다양한 성질을 지닌 자손이 만들어진다.

따라서 '자웅이주나 자웅동주 식물은 유성생식의 의의를 잘 판별한 식물이다'라고 말할 수 있다.

• 식물의 성

양성화를 피우는 식물: 수술과 암술을 모두 가진 꽃을 피우는 식물
나팔꽃, 백합, 도라지, 봉선화, 자목련, 목련, 분꽃 등

자웅동주 식물: 한 그루에 수꽃과 암꽃을 피우는 식물
오이, 여주, 수박, 호박, 삼나무, 소나무, 밤나무, 옥수수, 베고니아, 참소리쟁이 등

자웅이주 식물: 수꽃과 암꽃을 각각의 그루에 피우는 식물
은행나무, 초피나무, 키위, 뽕나무, 식나무, 버드나무, 호장근, 아스파라거스, 시금치, 머위 등

자웅동주인 호박의 수꽃

호박의 암꽃

4-3

Section 1 수분에서 수정까지

꽃가루가 암술 끝에 붙는 것만으로 씨앗이 만들어지지 않는다?

동물은 암컷과 수컷 배우자가 합체해서 자식이 생긴다. 식물도 자식에 해당하는 씨앗을 만들기 위해서는 암술이 가진 난세포와 꽃가루 안에 있는 수컷 배우자의 정세포(많은 식물에서는 동물의 정자에 해당하는 것은 '정세포'라 한다)가 합체해야 한다.

'꽃가루가 암술머리에 붙으면 씨앗이 만들어진다'라고 알려져 있다. 하지만 씨앗을 만드는 것이 말처럼 그렇게 간단한 일이 아니다. 실제로 꽃가루가 암술 끝에 붙는 것만으로는 씨앗이 만들어지지 않는다. 만약 그렇다면 씨앗은 암술 끝부분에 만들어져야 한다.

하지만 씨앗은 암술 끝에 만들어지지 않고, 암술이 붙어 있는 밑동부분에서 만들어진다. 꽃가루는 암술 끝부분, 암술머리에 붙는데 왜 씨앗은 암술 밑동에서 만들어질까? 이 희한한 일을 파고들어 보자.

실제로 난세포는 긴 암술 끝이 아니라 암술 밑동부분에 있다. 따라서 암술 끝에 붙은 꽃가루 속 정세포는 난세포와 합체하기 위해 암술 밑동까지 가야 한다.

동물의 경우, 수컷 배우자의 정자는 스스로 수영하듯 움직여 난세포에 도달한다. 하지만 식물의 꽃가루 속 정세포는 정자처럼 수영할 수 없다. 다시 말해, 꽃가루가 암술 끝부분에 붙었을 때 정세포는 스스로 헤엄쳐서 암술 밑동의 난세포를 향해 갈 수 있는 능력 자체가 없다.

따라서 꽃가루가 암술 위에 붙었을 때, 씨앗을 만들기 위해서는 난세포가 있는 곳까지 꽃가루 속 정세포가 이동할 방법이 있어야 한다. 무언가가 정세포를 난세포까지 이끌어주어야 하는 것이다.

그래서 꽃가루는 암술 위에 붙으면 '꽃가루관(화분관)'을 늘린다. 꽃가루관은 암술 밑동에 있는 난세포 바로 옆까지 늘어나고, 정세포는 그 꽃가루관 안으로 이동해 난세포에 도달한다. 그렇게 하여 정세포와 난세포가 드디어 합체함으로써 씨앗이 암술 밑동에서 만들어진다.

정세포가 난세포와 만나기 위해서는 꽃가루에서 꽃가루관이 뻗어 나와야만 한다.

• 꽃가루에서 늘어나는 꽃가루관

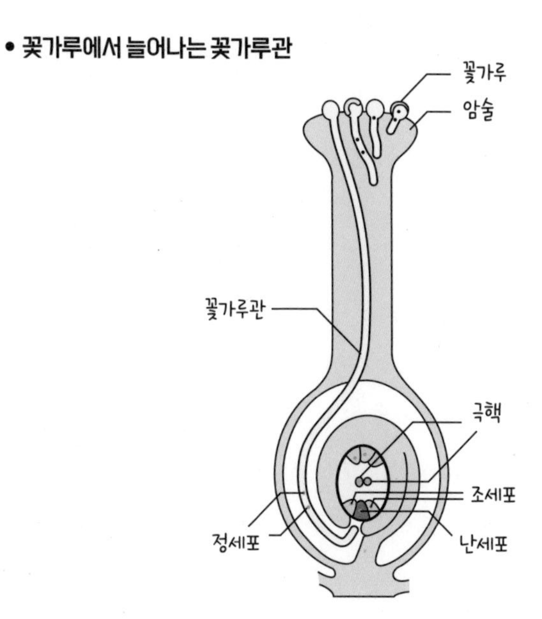

꽃가루관이 자라는 방향을 결정하는 물질, '조세포'

1-1에서 이미 살펴본 것처럼, 밑씨(배주)가 씨앗이 된다. 속씨식물에서 밑씨는 암술 밑동에, 씨방에 보호받는 것처럼 감싸여 있다. 수분을 한 뒤 꽃가루에서 만들어진 꽃가루관의 끝은 암술 안으로, 밑씨 안에 있는 배낭 입구를 향해 늘어나기 시작한다.

배낭 입구에는 조세포 두 개가 있다. 두 개의 조세포 사이 틈 안에 난세포가 있다. 학자들은 꽃가루관의 끝이 암술 안에서 배낭 입구의 방향과 위치를 향해 어떻게 그렇게 잘 늘어나는 것일까를 두고 오래도록 궁금해 했다.

꽃가루관이 늘어나는 것은 정세포와 난세포를 합체시키기 위해서다. 따라서 꽃가루관은 난세포를 찾아 늘어난다. 그렇다면 혹시 '난세포가 꽃가루관을 유도하는 물질을 만들고, 꽃가루관은 그 물질에 이끌려 늘어나는 것이 아닐까' 하고 추측했다.

이 가능성을 조사하기 위해 토레니아를 가지고 실험이 이루어졌다. 토레니아는 현삼과 식물로 초여름부터 초가을까지 작은 파란색 나팔모양 꽃을 피운다. 많은 식물의 난세포는 밑씨에 포함되어 있다. 반면 토레니아꽃은 난세포가 노출되어 있다. 그래서 난세포나 그 옆에 있는 조세포를 인위적으로 조작하기 쉽다.

실험에서는 토레니아의 난세포와 조세포를 레이저 광선으로 파괴하고 '어느 세포가 파괴되었을 때 꽃가루관이 자라나는 방향을 잃어버릴까'를 조사했다. 실험 결과, 난세포를 파괴해도 꽃가루관은 방향을 잃지 않고 자라났다. 이는 난세포가 꽃가루관을 유도하지 않는다는 의미다. 난세포와 나란히 위치하는 조세포를 파괴하자 꽃가루관은 방향을 잃었다.

결국 조세포가 꽃가루관을 이끄는 물질을 만들어 꽃가루관이 자라나는 방향을 결정한다는 것을 시사한다. 즉, 꽃가루관은 조세포가 내뿜는 물질에 반응해서 자라는 성질을 가지고 있다.

• 토레니아 꽃가루관의 신장

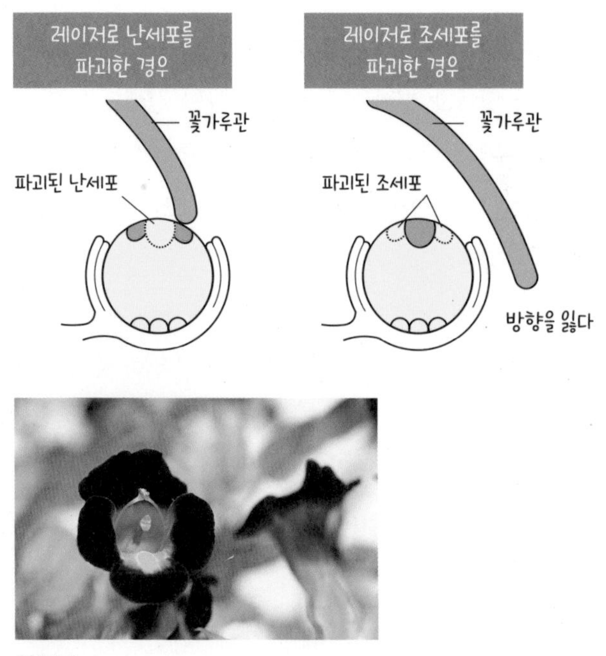

토레니아

출전: 다나카 오사무 『씨앗의 신비로움』(SB크리에이티브, 2012년)

4-5 꽃가루가 암술 끝에 달라붙은 후 수정란이 만들어질 때까지 얼마나 걸릴까?

밑씨에 들어간 정세포는 어떻게 난세포와 합체할까? 수분할 때가 가까워지면 많은 식물은 암술 끝 '암술머리'에서 점액을 만들어 꽃가루가 달라붙기 쉽게 만든다. 꽃가루가 암술 끝에 붙으면 꽃가루에서 꽃가루관이 암술머리에서 씨방까지, 암술대 안에서 밑씨를 향해 자라난다. 그리고 이때 꽃가루관 안에서 정세포 두 개가 만들어진다.

정세포는 꽃가루관이 늘어남에 따라 끝으로 이동한다. 꽃가루관이 수정이 일어날 밑씨 입구에 도달하면 정세포는 밑씨로 옮겨간다. 밑씨 안에는 주피(珠被)에 감싸인 배낭이 있다.

배낭에는 입구 가까이에 조세포가 있고 그 안에 난세포가 있다. 배낭 중심부 깊은 곳에는 극핵이 있다. 꽃가루관 끝이 배낭에 도달하면 정세포 두 개 중 하나는 조세포 속 난세포와 합체해 수정란이 된다. 또 하나의 정세포는 조세포를 경유해 중앙세포로 들어간다. 그리고 중앙세포 안에 있는 극핵 두 개와 정세포 안의 핵이 합체한다.

이처럼 배낭 안에서 동시에 두 개의 수정이 이루어지기 때문에 속씨식물의 수정을 '중복수정'이라고 한다.

그렇다면 여기서 궁금증이 일어난다. '수분에서 수정까지, 어느 정도 시간이 걸릴까?' 대부분의 식물에서 화분이 암술에 붙는 수분이 이루어진 후 정세포가 암술 속 난세포와 수정하기까지는 수 시간이면 충분하다.

열매가 자라나는 것을 관찰하기 쉬운 오이나 호박 등에서는 꽃이 시듦과 동시에 열매가 커나간다는 인상을 받는다. 수분에서 수정까지의 진행이 몇 시간 안에 이루어지기 때문이다.

• **중복수정**

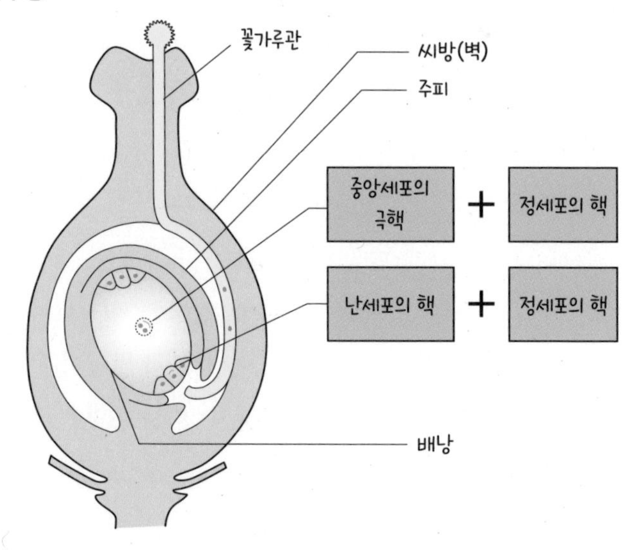

꽃가루관 안에는 정세포가 두 개 있다. 그중 하나는 밑씨 안의 난세포와 합체되어 수정한다. 또 하나의 정세포 핵은 중앙세포 안에 있는 극핵과 합체한다. 이렇게 속씨식물의 수정은 동시에 두 곳에서 이루어지기 때문에 '중복수정'이라고 한다.

4-6 '유배유종자'와 '무배유종자'의 결정적 차이는?

수정한 난세포는 바로 분열을 시작한다. 최초 분열로 만들어진 두 세포 중 한쪽은 분열을 계속해서 배(胚)가 된다. 배는 떡잎, 어린싹, 배축, 어린뿌리로 분화한다. 다른 한쪽 세포는 배병(배자루)이 되었다가 곧 퇴화한다.

배가 형성됨에 따라 밑씨의 주피는 종피(씨껍질)가 되고, 밑씨에서 주피에 감싸여 있던 배낭 부분이 배유(씨젖)가 되어 씨앗이 만들어진다. 씨앗이 성숙함에 따라 함수량이 감소하면서 건조된다.

벼, 보리, 옥수수, 감 등의 씨앗은 싹을 틔우기 위한 영양이 배유에 저장된다. 이러한 씨앗을 배유가 있다는 의미로 '유배유종자(albuminous seed)'라고 한다.

유배유종자와 달리, 본래 배유에 축적되는 영양성분이 떡잎으로 이동해 떡잎이 크게 발달하고 배유는 퇴화하는 종자가 있다. 나팔꽃, 밤나무, 콩과의 대두나 완두콩, 강낭콩, 십자화과의 냉이 등이다. 이들 씨앗에서는 배유를 만드는 세포가 발달하지 않고 떡잎에 영양분이 축적된다. 배유가 거의 없는 이들 씨앗은 배유가 없다는 의미로 '무배유종자(exalbuminous seed)'라고 한다.

대두나 땅콩 같은 콩이 두 조각으로 나뉘는 것을 봤을 것이다. 왜 콩은 두 쪽으로 나뉠까? 그것은 콩이 떡잎에 영양분을 축적하는 식물이며, 떡잎을 두 장 가지는 쌍떡잎식물이기 때문이다. 두 개로 나뉜 그 각각이 영양분을 충분이 저장하고 있는 한 장의 떡잎인 것이다.

• **씨앗의 형성**

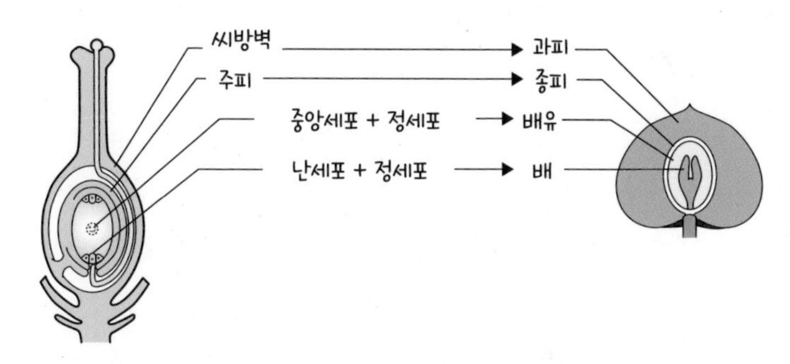

배낭 안의 극핵 두 개는 정세포 핵과 융합한다. 이 핵은 분열을 반복해 다수의 핵이 된다. 그 후 핵을 포함한 영역이 세포막으로 구분되어 각각의 세포가 되고 '배유'라는 조직이 된다.

• **유배유종자와 무배유종자**

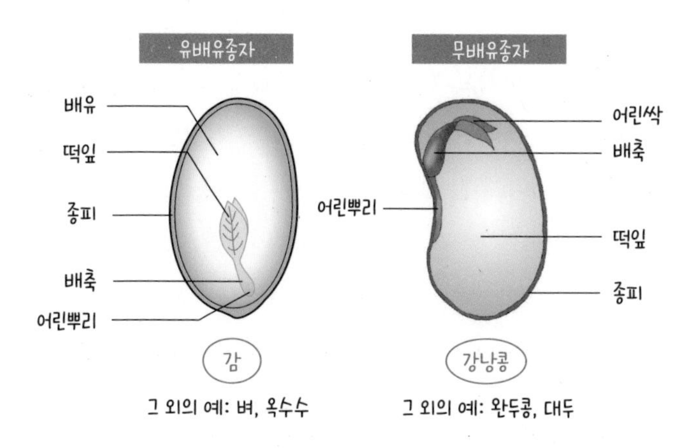

4-7 자기 꽃가루를 자기 암술에 붙여 종자를 만들지 않으려는 성질, '자가불화합성'

한 그루만으로는 열매가 열리지 않는 과수로 키위, 초피나무, 은행나무 등이 잘 알려져 있다. 이들은 수꽃을 피우는 수그루와 암꽃을 피우는 암그루가 따로 있다.

한편 매화나무, 복숭아, 사과나무, 벚나무, 블루베리 등의 꽃에는 암술과 수술이 있다. 그런데 묘목 판매 카탈로그를 보면 '한 그루로도 열매가 열립니다'라고 설명해놓았다. 꽃에 암술과 수술이 함께 있으면 당연히 한 그루에서 열매가 열리는 게 아닐까? 굳이 왜 이런 설명을 강조해놓았을까? 사실 이들 나무는 대개 한 그루로 열매가 열리지 않는 과수다.

많은 식물에서는 수분이 일어나면 수정까지 진행된다. 하지만 자기 꽃가루를 자기 암술에 붙여서 종자를 만드는 것을 싫어하는 성질의 식물이 있다. 이러한 성질을 '자가불화합성(self-incompatibility)'이라고 한다. 자가불화합성 식물은 자기 꽃가루가 붙은 경우 꽃가루관을 늘리지 않는다. 그러면 수분이 되어도 꽃가루관이 늘어나지 않아 수정은 되지 않는다.

배, 사과가 이러한 성질을 가진 대표적인 식물이다. 이러한 과수는 같은 품종의 꽃가루가 자기 암술에 붙어도 씨앗을 만들지 않는다. 씨앗이 없다는 것은 '씨 없는 과일' 같은 특별한 경우를 제외하고는 열매가 만들어지지 않는다는 말이다.

따라서 이들 과수에 열매가 열리게 하기 위해서는 재배하는 품종과 다른 품종의 꽃가루를 재배하는 과수의 꽃에 인공적으로 붙여주어야 한다. 이것이 '인공수분(artificial pollination)'이다.

만약 인공수분을 하지 않고 열매를 맺게 하려면 과수원 내에 꽃가루를 제공하는 다른 품종의 나무를 심어야 한다. 이러한 나무를 '수분수'라고 한다.

• 한 그루로도 열매가 열리는 품종

알프스오토메(미니사과)

블루베리 챈들러

'자가불화합성' 성질은 품종에 따라 강함의 정도 차이가 있다. 이 성질이 강한 품종은 한 그루로는 열매를 맺을 수 없지만 약한 품종은 자기 꽃가루로 열매를 맺을 수 있다.
자가불화합성 성질을 가지지 않았거나 그 정도가 극단적으로 약한 경우는 '자가결실성(自家結實性)'이 된다. 이 경우 한 그루로도 열매가 열린다. 하지만 자가불화합성이 약해서 한 그루로도 열매가 맺히기는 하지만 다른 품종의 꽃가루가 붙을 경우 더 많은 열매를 맺곤 한다.

4-8 왜 옆 나무의 꽃가루로 씨앗을 만들 수 없을까?

'인공수분'과 관련해 많이 묻는 질문이 있다. '과수원에는 곳곳에 많은 나무가 있으니 자기 꽃가루로 씨앗을 만들 수 없으면 옆 나무의 꽃가루로 씨앗을 만들면 되지 않을까요?'라는 것이다. 그런데 옆 나무의 꽃가루는 도움이 되지 않는다. 이들 나무를 어떻게 늘렸는지 생각해보면 그 이유를 알 수 있다.

과수원에 있는 같은 품종의 나무라면 그 나무가 몇 그루든지 색, 모양, 맛, 향기, 크기 등이 모두 같은 품질의 과일을 만들어야 한다. 한 과수원에서만이 아니라 여러 과수원에서 재배되는 같은 품종이라면 색, 형태, 맛, 향기, 크기 등이 모두 같아야 한다. 그래야 소비자는 안심하고 '브랜드 품종'을 구입한다. 어떤 과수원에서든 같은 성질의 열매가 되기 위해서는 같은 품종의 모든 나무가 유전적으로 완전히 동일한 성질을 가져야 한다.

그리고 이를 위해 '접목'으로 나무를 늘린다. 접목은 근연종 식물의 가지나 자루, 줄기 등에 갈라진 틈을 만든 뒤 늘리고 싶은 식물의 가지나 자루, 줄기를 그곳에 넣고 유착시켜 두 그루의 식물을 한 그루로 연결시키는 기술이다. 이 기술을 사용해서 늘리면 새로 늘어난 나무는 유전적으로 완전히 같은 성질이 된다. 따라서 옆 나무의 꽃가루 또한 자기 꽃가루와 완전히 같아서 암술에 붙여도 씨앗이 만들어지지 않고 열매도 열리지 않는다.

그렇다면 인공수분 시키는 꽃가루 품종에 따라 과실의 맛이 달라지지 않을까? 예를 들어 부사 사과에 아오리 사과 품종 꽃가루를 붙일 때와 오우린 사과 품종의 화분을 붙일 때 부사의 맛은 바뀌지 않을까?

사과는 열매 가운데 부분에 씨앗이 있다. 인공수분한 화분의 성질은 그 씨앗 안으로 들어간다. 하지만 먹는 부분은 씨앗과 상관없이, 꽃을 받치고 있는 꽃받침 부분이 부풀어 오른 것이다. 이 부분에는 꽃가루의 성질이 담겨 있지 않다. 따라서 인공수분시킨 꽃가루의 종류가 서로 달라도 과실의 맛은 바뀌지 않는다.

• 사과 꽃과 과일

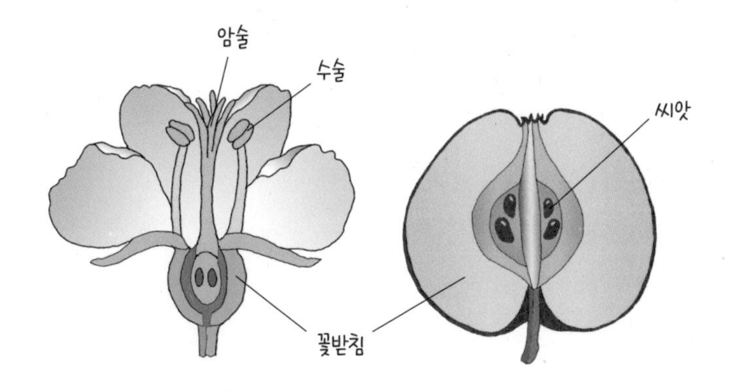

인공수분으로 사용된 꽃가루의 성질은 과일에는 나타나지 않고 씨앗 안에 있다. 따라서 그 성질은 씨앗이 싹을 틔울 때 나타난다. 부사 사과 열매에 포함된 씨앗은 부사 나무에서 자란 씨이기 때문에 모친은 '부사'다. 하지만 꽃가루를 가져온 부친은 다른 품종이다. 따라서 그 자식이라 할 수 있는 씨앗에는 양쪽 성질이 섞여 있기 때문에, 종자를 뿌려서 키우면 부사를 닮았지만 부사는 아니다. 그러므로 부사와 똑같은 열매는 열리지 않는다.

4-9 과실의 성숙을 촉진하는 물질, 에틸렌의 정체는?

앞서 에틸렌이 줄기를 짧고 두껍고 튼튼하게 한다고 소개했다. 이와 더불어 에틸렌은 또 다른 신기한 작용을 한다.

예부터 '사과 상자에서 잘 익은 사과를 발견하면 바로 상자에서 꺼내라'라고 했다. 사과 상자 속 사과 중 하나가 잘 익으면 주변 사과들도 급속하게 익기 시작하기 때문이다. 상자 안에서는 사과가 빨리 익는 현상이 마치 전염되듯 확산된다.

이 전염의 원인은 잘 익은 사과에서 배출된 '에틸렌'에 있다. 잘 익은 사과에서는 많은 에틸렌이 만들어지고 에틸렌은 기체이기 때문에 쉽게 배출된다. 배출된 에틸렌은 아직 덜 익은 사과에 흡수되어 그 사과를 성숙시킨다.

에틸렌의 역할은 레몬이나 바나나가 익는 현상과도 관련 있다. 우리가 떠올리는 레몬과 바나나는 노란색이지만 수확은 초록색의 미숙한 상태에서 한다. 수확 후 이동 과정에서 성숙시켜 노랗게 되었을 때 팔기 때문이다.

오래전에는 녹색 레몬과 바나나를 수확해 석유난로로 따뜻하게 덥힌 방에 넣어 두었다. 그러면 먹음직스런 노란색 레몬과 바나나로 성숙되었다. 그래서 레몬이나 바나나를 익히려면 따뜻한 방에 두면 된다'라고 여겨졌다. 그런데 난방설비가 발전해 석유난로에서 스팀 난방으로 바뀌자 따뜻한 방에 둔 레몬과 바나나가 성숙하지 않는 신기한 일이 벌어졌다.

왜 스팀 난방으로 따뜻하게 덥힌 방에서는 레몬과 바나나가 성숙되지 않을까? 이 의문은 20세기 초 석유난로에서도 에틸렌이 배출된다는 사실을 알고서야 풀렸다. 스팀 난방을 할 때는 에틸렌이 배출되지 않는 것이다.

이러한 현상을 계기로 에틸렌이 많은 과일을 성숙하게 하는 기체라는 것이 알려졌다. 에틸렌은 '과일 성숙호르몬'이라 불린다.

• 과실 성숙과 에틸렌

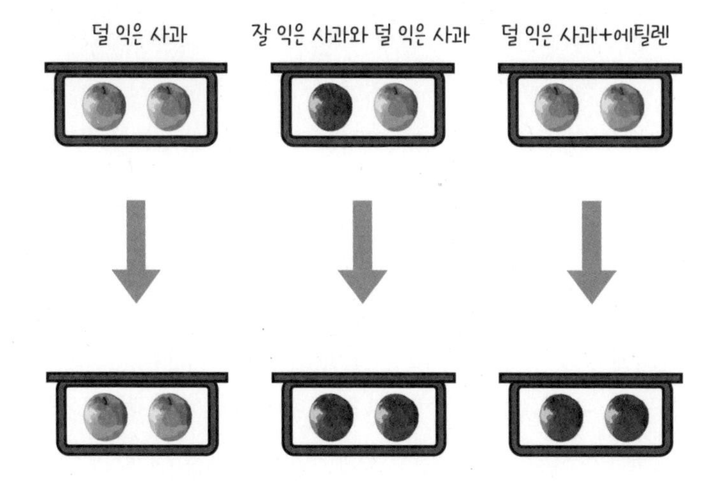

'사과 상자에서 잘 익은 사과를 발견하면 바로 상자에서 꺼내라' 혹은 '키위를 빨리 익히고 싶으면 잘 익은 사과와 함께 봉투에 넣어 두라'라고들 한다. 이는 잘 익은 사과에서 배출되는 '에틸렌' 때문이다. 잘 익은 사과에서는 많은 에틸렌이 배출되고 배출된 에틸렌은 익지 않은 사과나 키위에 흡수되어 그것을 성숙시킨다. 에틸렌은 '과일 성숙호르몬'이다.

4-10 바나나는 어쩌다 '씨 없는 과일'이 되었나?

대표적인 '씨 없는' 과일이라면 바나나가 먼저 떠오른다. 바나나는 열대아시아를 원산지로 하는 파초과 식물이다. 아주 오래전부터 전 세계 열대지방에서 재배되었으며, 일본에서는 에도시대 이전부터 재배된 것으로 알려져 있다.

예전에는 바나나에도 씨앗이 있었다. 하지만 돌연변이가 일어나 씨앗이 없어졌다. 바나나를 잘라 주의 깊게 살펴보면 중심부에 작고 검은색 점이 있는데, 이것이 씨앗의 흔적이다. 바나나에서 종자가 없어진 것은 돌연변이로, '삼배체(triploid)'가 된 것이 원인이다.

다양한 성질이 부모에게서 자식으로 전해지면서 부모가 가지고 있는 유전자가 자식에게 전달된다. 많은 유전자는 세포 속에 존재하는 핵 안에 있으며, 염색체에 실려 있다.

염색체 개수는 식물이든 동물이든 생물 종류에 따라 정해진다. 인간은 46개인데 그중 절반인 23개 한 세트는 아버지에게서 받고, 다른 절반인 23개 한 세트는 어머니에게서 받는다.

이런 식으로 많은 생물 종이 부친과 모친에게서 염색체를 각각 한 세트씩 이어받아 2세트 염색체를 가진다. 2세트 염색체를 가지는 생물을 '이배체(diploid)'라 한다. 그런데 자연 속에서 돌연 3세트 염색체를 가진 생물이 만들어질 때가 있다. 이것이 '삼배체'다.

2세트 염색체를 가지는 이배체 식물은 생식을 위해 난세포나 정세포 등의 배우자를 만들 때 정확히 반으로 나누어서 1세트씩 가진 배우자가 만들어진다. 하지만 삼배체는 정확하게 절반으로 나눌 수 없기 때문에 정상적인 배우자가 만들어지지 않는다. 그래서 씨앗이 만들어지지 않는, '씨 없음'이 되는 것이다.

• 식물(이배체)의 염색체 수

생물명	염색체 수
토마토	48
고비	44
글라디올러스	30
벼	24
가지	24
삼나무	22
옥수수	20
오이	14

• 이배체와 삼배체

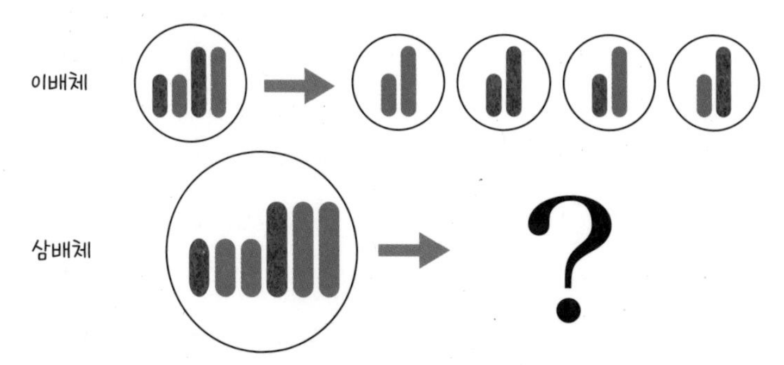

이배체 식물은 난세포나 정세포 등 배우자를 만들 때 염색체를 정확하게 반으로 나누어서 1세트씩 가진 배우자를 만들 수 있다. 하지만 삼배체는 정확하게 반으로 나눌 수 없기 때문에 정상적인 배우자가 만들어지지 않는다. 씨가 만들어지지 않는 것이다.

4-11 씨앗이 만들어지지 않았는데도 과실이 크게 자라는 성질, '단위결과'

식물은 삼배체가 되면 씨앗이 없어진다. 하지만 씨앗이 만들어지지 않으면 과실이 커지지 않는다. 식물이 맛있는 과실을 만드는 가장 큰 목적은 뭘까? 바로 동물에게 과실을 먹이기 위해서다.

동물이 과실을 먹어야 씨앗이 사방으로 퍼질 수 있다. 과육과 함께 씨앗을 삼켰다면 분변이 되어 어딘가에 배설되고, 그곳에서 씨앗이 자랄 수 있다. 움직이며 돌아다닐 수 없는 식물은 이런 방법으로 생식지를 이동하거나 넓힌다.

따라서 씨앗이 만들어지지 않으면 과실은 크게 자라지 않는다. 그런데 돌연변이로 씨앗이 만들어지지 않았어도 과실이 크게 자라는 성질이 생기는 경우가 있다. 이러한 성질을 '단위결과(parthenocarpy, 단위결실, 단성결실)'라고 한다. 삼배체에서 씨앗이 없어진 바나나에 이러한 돌연변이가 일어났다. 그래서 바나나는 씨앗이 없는데도 과실이 크고 튼튼하게 자란다.

이 성질은 바나나뿐 아니라 몇몇 다른 식물도 몸에 익혔다. 예를 들어 무화과가 있다. 일본에서 재배되는 무화과의 80퍼센트 정도는 '마스이 도핀'이라는 품종이다. 이 무화과는 자웅이주로 암그루는 수분을 하지 않아도 과실을 비대하게 하는 단위결과 성질을 가지고 있다. 그래서 씨앗이 만들어지지 않아도 과실은 크게 자란다.

인공적으로 단위결과를 초래해 '씨 없는' 과일을 만드는 경우도 있다. 대표적인 과일이 바로 포도다. 포도를 '씨 없는' 것으로 만들기 위해서는 지베렐린을 사용한다. 포도가 꽃봉오리를 만들면 꽃봉오리를 지베렐린 용액에 담근다. 그러면 '씨 없는 포도'가 된다.

꽃봉오리가 꽃을 피웠을 때 한 번 더 지베렐린 용액을 묻히면 맛있는 과육이 크게 부풀어 큼직하면서도 '씨 없는 포도'를 만들 수 있다.

• 씨 있는 바나나

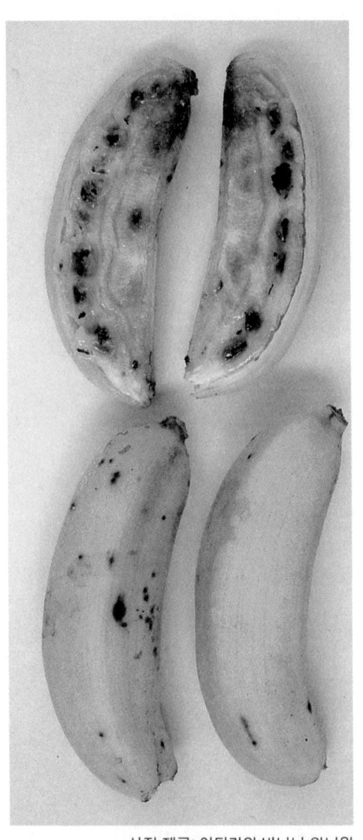

사진 제공: 아타가와 바나나 와니원

4-12 씨 없는 수박과 씨 없는 포도는 어떻게 만들어질까?

'씨 없는 과일'의 대표는 바나나 혹은 귤이다. 그런데 이들은 인간이 인위적으로 씨 없는 과일로 만든 게 아니다. 식물이 스스로 돌연변이를 일으켜 '씨 없는' 것이 되었다. 반면 '씨 없는 포도'는 인간이 만들어낸 것이다.

그리고 '씨 없는 수박' 역시 인간이 만들어낸 과일이다. 보통 수박은 '이배체'다. 이것에 '콜히친(colchicine)'이라는 약품을 뿌리면 염색체 수가 2배가 되어 사배체 세포가 만들어진다. 이 사배체 수박 암술에 일반적인 이배체 수박의 꽃가루를 수분시키면 '삼배체' 씨앗이 만들어진다. 이것이 바로 '씨 없는 수박'으로 자라난다.

이 씨앗에서 자란 삼배체 수박꽃 암술에 이배체 수박의 꽃가루를 붙인다. 그러면 '꽃가루가 붙었다'라는 자극에 의해 씨방이 부풀지만 씨는 없다. 인위적으로 콜히친을 사용해 삼배체를 만들어 씨를 없앤 것이 '씨 없는 수박'이다.

최근, 인간이 만들어낸 '씨 없는 과일'에 '씨 없는 비파'가 추가되었다. 2004년 지바현 농업종합센터에서 '씨 없는 비파'를 만들었다. 비파에는 큰 씨앗이 있어 먹기 불편했기에 많은 이들이 '비파에 씨앗이 없다면 먹기가 더 좋을 텐데'라고 생각했다. 이 생각이 현실이 되었다.

씨 없는 비파에는 '씨 없는 수박'과 '씨 없는 포도'를 만들어낸 기술이 모두 활용되었다. '씨 없는 수박'은 삼배체이기 때문에 씨앗을 만들지 않는다. '씨 없는 비파'의 경우, 이배체 품종과 사배체 품종을 합해서 삼배체 품종을 얻었다. 하지만 이대로는 열매가 커지지 않는다. 그래서 '씨 없는 포도'를 만드는 데 사용한 지베렐린을 개화 직전에 제공했다. 그러자 씨 없는 상태로 씨방이 비대해졌다.

• '씨 없는 수박'을 위한 종자 만들기

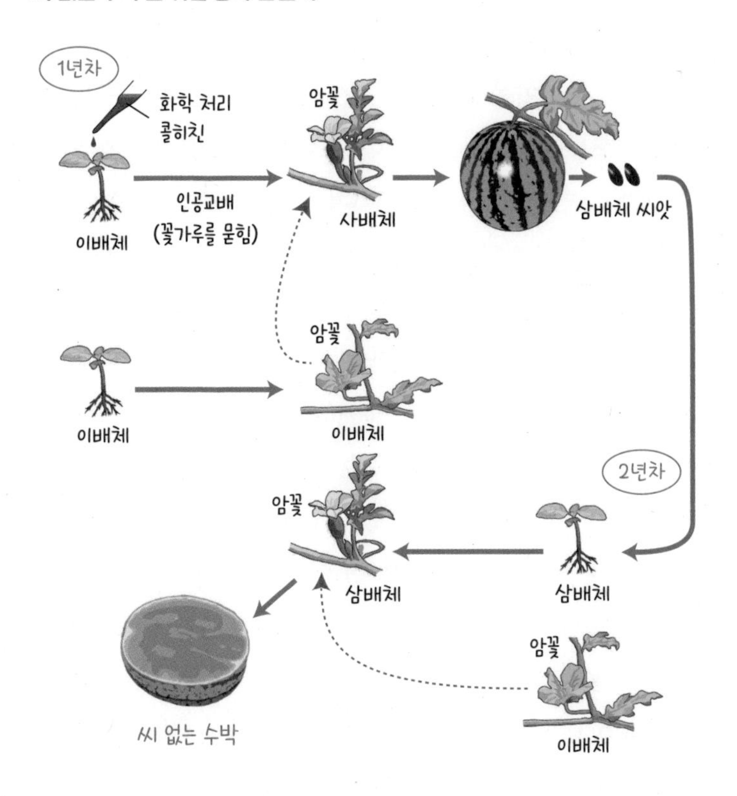

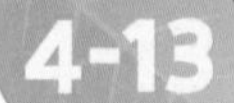

성직자이면서 유전학자인 멘델이 8년간의 완두콩 연구로 알아낸 것은?

19세기 중반, 오스트리아 유전학자 그레고어 멘델은 완두콩을 대상으로 다양한 성질이 부모에게서 자식, 그리고 손주 세대로 어떻게 전달되는지 연구했다. 꽃 색, 씨 형태, 키 높이 등 생물이 가진 형태나 성질의 특징을 '형질'이라고 한다. 형질이 부모에게서 자식을 거쳐 손주 세대로 전달되는 것이 '유전'이다.

멘델은 단 8년 만에 대법칙을 발견했다. 이는 완두콩의 특성 덕분이기도 했는데, 완두콩은 싹이 나서 콩이 맺힐 때까지 기간이 짧은 데다 유전 연구에 유리한 3가지 성질을 지녔다.

첫째, 완두콩은 하나의 꽃 안에 암술과 수술이 같이 꽃잎에 싸여 있어 자연 상태에서는 자기 꽃가루를 자기 암술에 붙여 종자를 만든다. 이것을 '자가수정'이라 한다. 자가수정을 반복하면 대를 이어가도 모든 형질이 부모와 같은 계통(순계)이 된다. 즉, 그냥 두면 순계를 얻을 수 있다.

둘째, 완두콩은 콩의 형태에 있어 '둥근' 것과 '주름진' 것, 자손의 색에 있어 '황색'과 '녹색' 등 확실하게 대립하는 성질이 있다. 이를 '대립형질'이라고 한다. 따라서 자식에게 어떤 성질이 어떻게 유전되었는지를 쉽게 파악할 수 있다.

셋째, 완두콩 꽃에 다른 꽃의 꽃가루가 붙어도 씨앗이 만들어진다. 따라서 다른 성질을 가진 계통으로도 교배할 수 있다.

멘델은 이런 특성을 지닌 완두콩을 재배해 다양한 형질이 어떻게 유전되는지 조사했다. 콩의 형태를 예로 들어보자. '둥근 콩'을 만드는 순계와 '주름진 콩'을 만드는 순계 씨앗을 심고 꽃을 피워 교배했다. 그랬더니 그 자손은 모두 '둥근 콩'으로 나왔다. 자식에게는 한쪽 부모의 형질만 나타난다. 순계를 교배했을 때 이 '둥근 콩'처럼 자식에게 나타나는 형질을 '우성형질'이라 하고, '주름진 콩'처럼 자식에게 나타나지 않는 형질을 '열성형질'이라 한다.

멘델은 자식에게 나타나지 않던 열성형질이 손주에게 어떻게 전달되는가를 조사하기 위해, 자식들을 자가수정했다. 그 결과 손주에서 우성형질과 열성형질이 나타나는 비율이 약 3대 1이 되었다.

멘델은 형질을 표현하는 바탕이 되는 것의 존재를 가정하고 이러한 실험 결과를 설명했다. 형질을 나타내는 바탕이 되는 것을 오늘날 '유전자'라고 한다. 멘델의 생각을 뒤에서 좀 더 살펴보자.

• 순계를 교배했을 때 자식의 형질

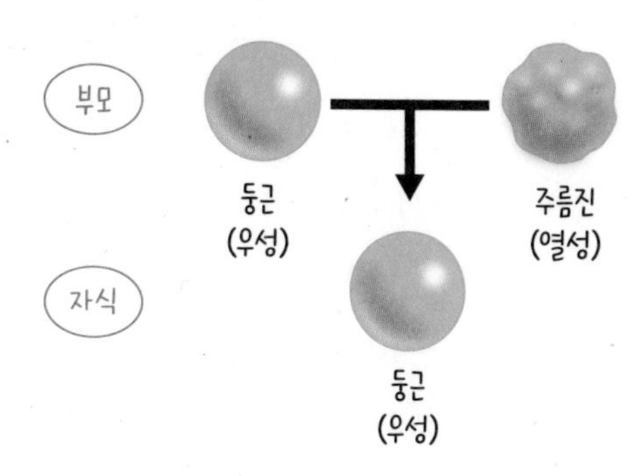

자식에게는 우성형질만 나타났다.

4-14 둥근 콩과 주름진 콩은 어떤 원리로 만들어질까?

둥근 콩을 만드는 유전자를 A라고 하면, 둥근 콩을 만드는 순계는 부친과 모친에게 A 유전자를 받아서 AA 유전자를 가진다. 이 순계가 자식을 만드는 경우를 생각해보자. 꽃이 피면 암술의 난세포에 A 유전자, 꽃가루 속 정세포에도 A 유전자가 있다. 따라서 자가수정으로 자식을 만들면 두 개가 합체해서 AA 개체가 되어 모두 둥근 콩이 나온다.

주름진 콩을 만드는 순계가 자식을 만들 경우도 마찬가지다. 주름진 콩을 만드는 유전자를 a라고 하면, 주름진 콩을 만드는 순계는 aa로 표현된다. 꽃이 피면 암술의 난세포에 a 유전자, 꽃가루 속 정세포에 a 유전자가 있다. 따라서 자가수정으로 자식을 만들면 이들이 합체해서 aa 개체가 만들어져 모두 주름진 콩이 나온다.

그러면 둥근 콩을 만드는 순계 암술에 주름진 콩을 만드는 순계 꽃가루를 묻히는 경우를 생각해보자. 두 개가 수정되면 Aa 개체가 나온다. 둥근 콩을 만드는 A 유전자는 주름진 콩을 만드는 a 유전자에 대해 우성이기 때문에 Aa 개체는 둥근 콩이 된다. 따라서 둥근 콩을 만드는 순계와 주름진 콩을 만드는 순계를 교배하면 자식은 모두 둥근 콩이 된다.

이렇게 나온 Aa 개체는 난세포에 A와 a 두 종류, 정세포에도 A와 a 두 종류가 있다. 그래서 Aa 개체를 자가수정하면 AA, Aa, aa의 조합이 생긴다. AA와 Aa 개체는 둥근 콩을 만들고, aa 개체는 주름진 콩을 만든다. 그 결과 둥근 콩을 만드는 개체와 주름진 콩을 만드는 개체의 비율은 3대 1이 되는 것이다.

• **순계끼리 교배할 때 자식과 손자의 형질**

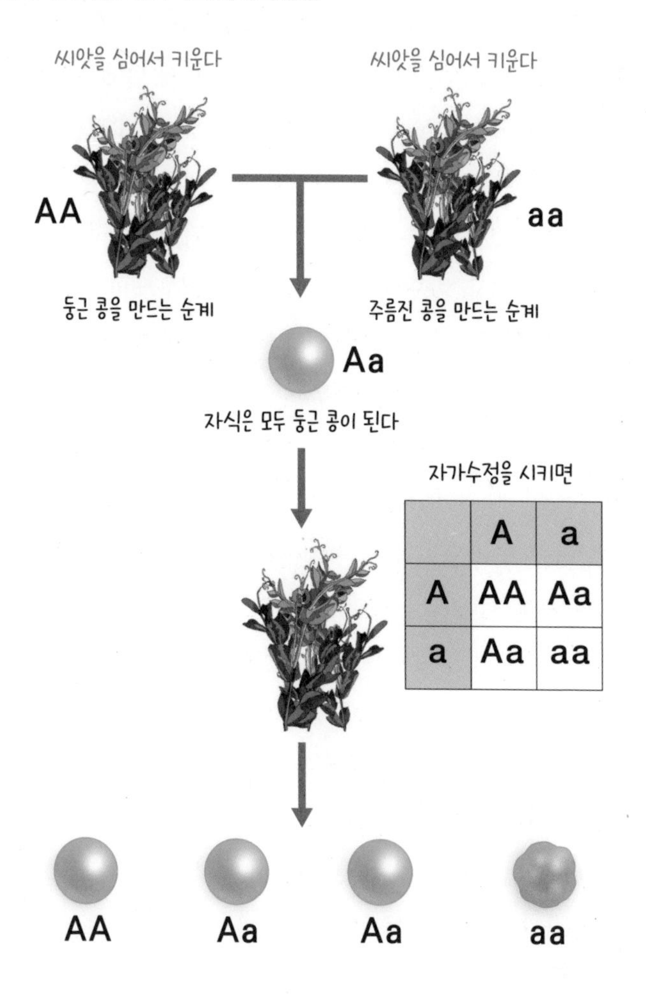

	A	a
A	AA	Aa
a	Aa	aa

4-15 빨간 꽃을 피운 꽃나무에서 만들어진 씨앗을 키웠더니 하얀 꽃을 피웠다고?

멘델의 법칙을 이해하면 언뜻 신기하게 여겨지던 현상이 납득된다. 빨간 꽃이 핀 후에 만들어진 씨앗을 재배하면 빨간 꽃을 피우는 식물이 있다. 그런데 빨간 꽃이 피어난 후에 만들어진 씨앗을 키웠더니 하얀 꽃이 피는 현상이 나타날 수 있다. 왜 그런 걸까?

빨간 꽃을 피운 꽃나무가 순계가 아니었기 때문이다. 이 꽃나무가 자가수정으로 빨간 꽃을 피우는 구조를 되새겨보자. 빨간 꽃을 피우는 순계 암술에 하얀 꽃을 피우는 순계 꽃가루가 붙은 꽃나무는 빨간 꽃을 피우는 유전자(A)와 하얀 꽃을 피우는 유전자(a)를 가진다. 그리고 빨간 꽃을 피우는 성질은 하얀 꽃을 피우는 성질에 대해 우성이므로 이 꽃나무는 빨간 꽃을 피운다.

똑같이 빨간 꽃을 피웠어도 이 꽃나무는 순계와 차이가 있다. 암술의 난세포가 만들어질 때 빨간 꽃을 피우는 A 유전자를 가진 것과 하얀 꽃을 피우는 a 유전자를 가진 것 두 종류가 가능하다. 수술의 꽃가루에서 정세포가 만들어질 때에도 마찬가지로 두 종류가 가능하다.

빨간 꽃을 피우는 A 유전자 꽃가루가 자가수정으로 암술에 붙어 만들어진 씨앗은 빨간 꽃을 피운다. 또 하얀 꽃을 피우는 a 유전자 꽃가루가 두 종류 난세포 중 빨간 꽃을 피우는 A 유전자에게 붙어 만들어진 씨앗도 빨간 꽃을 피운다. 그런데 하얀 꽃을 피우는 a 유전자 꽃가루가 하얀 꽃을 피우는 a 유전자 암술에 붙어 만들어진 씨앗은 하얀 꽃을 피운다. 바로 이것이 '빨간 꽃이 핀 후에 만들어진 씨앗을 키웠는데 하얀 꽃이 피는' 현상이다.

또 하나, 다른 꽃나무의 꽃가루가 붙은 타가수분에 의해 빨간 꽃이 피어난 후 만들어진 씨앗을 키웠을 때 하얀 꽃이 피어나는 현상이 나타날 수 있다. 아래 그림에서 보여주는 것처럼 순계가 아닌 빨간 꽃에 하얀 꽃의 꽃가루가 붙은 경우다.

• 순계가 아닌 빨간 꽃의 자가수분

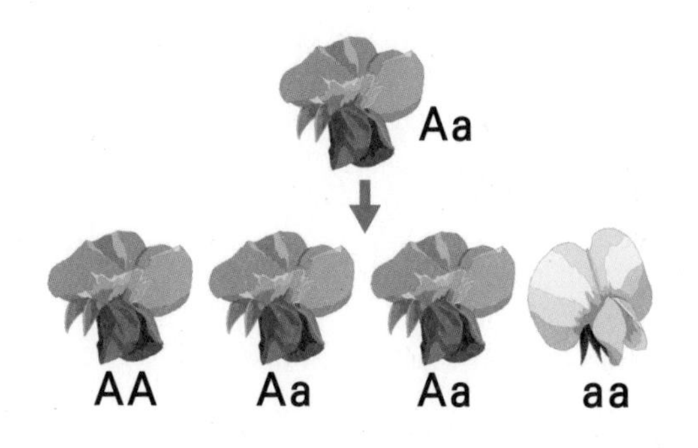

• 순계가 아닌 빨간 꽃에 하얀 꽃의 꽃가루가 붙으면?

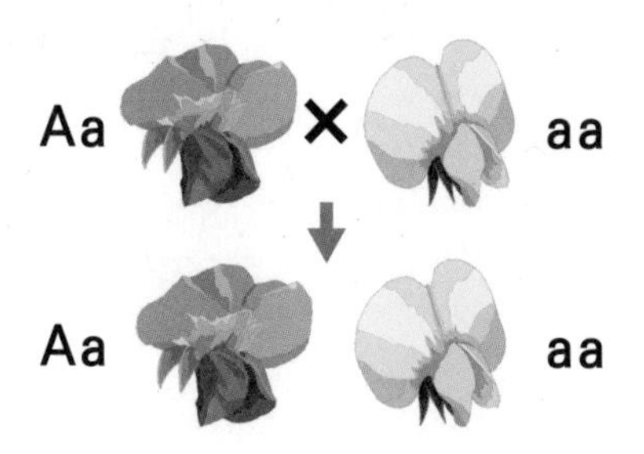

• 칼럼 04

시금치를 신선하게 유지하는 가장 좋은 보관법은?

'과일 성숙호르몬' 에틸렌은 채소에서도 배출된다. 그리고 에틸렌은 채소의 선도를 떨어뜨리는 작용을 한다. 그러므로 채소의 신선함을 유지하려면 에틸렌을 배출하지 않도록 억제하는 것이 중요하다. 채소에서 발생하는 에틸렌의 양은 채소 보관법에 따라 달라진다. 그렇다면 시금치는 어떻게 보관해야 신선도를 오래 유지할 수 있을까?

채소의 신선함을 강조하는 채소가게와 슈퍼마켓에 가보자. 시금치를 세워 놓듯 진열한 것을 볼 수 있을 것이다. 시금치는 뿌리를 아래쪽으로 하여 세워 놓으면 에틸렌을 적게 배출한다. 즉, 자연에서 자랄 때의 자세를 유지하면 에틸렌 발생이 적어 신선함을 유지할 수 있다. 시금치 외에 쑥갓, 아스파라거스, 파, 양배추, 양파 등도 마찬가지다. 진열의 편의성을 위해 눕혀 놓으면 에틸렌이 많이 발생되어 채소의 신선함

이 빨리 사라진다.

한편 오이, 가지, 피망, 무, 당근 등은 수평으로 눕혀 놓든 거꾸로 세워 놓든 에틸렌 발생량에 있어 별로 차이가 없다.

가정의 냉장고에서도 가급적이면 채소를 세워 놓는 편이 좋다. 몇 년 전 '채소의 신선함을 지켜라'라는 캐치프레이즈를 내세운 냉장고가 있었다. 그 냉장고에는 채소를 세워서 보관하는 공간이 마련되어 있었다.

숙성된 사과는 에틸렌을 많이 방출하기 때문에 냉장고에서 채소와 같은 구간에 함께 넣어두면 채소의 선도가 빨리 사라진다. 숙성된 과일과 신선한 채소는 냉장고 안에서도 별도 칸에 두어야 한다.

식물은 마음대로 움직이며 돌아다닐 수 없다.
하지만 움직여서 도망가고 싶을 만큼 부적절한 환경에
놓일 때도 많을 것이다.
그럴 때 식물은 어떻게 할까?

- 씨앗이 쉬거나 자기도 할까?
- 싹을 틔우는 것에만 집중해서 궁리한 것은?
- 식물은 어떻게 자기 몸을 지킬까?
- 잎이 노화했을 때 일어나는 현상은?
- 참으로 독특하다고 여겨지는 식물은?

제 5 장

나팔꽃 씨앗이 단단한 껍질을 갖게 된 까닭은?

발아의 3가지 조건은?

씨앗이 발아하기 위한 3가지 중요한 조건이 있다. 우리가 씨앗의 싹을 틔우고자 할 때 가장 먼저 하는 일은 무엇일까? 씨앗에 물을 주는 일이다. 건조한 씨앗은 발아하지 않는다는 것을 알고 있기 때문이다. 따라서 발아에 있어 첫 번째 중요한 조건은 씨앗이 흡수할 물을 제공하는 것이다.

우리는 씨앗이 물을 흡수하게 하면서 씨앗을 냉장고에 넣어 발아시키지는 않는다. 씨앗이 싹을 틔우려면 따뜻한 기온이 필요하다는 것을 알기 때문이다. 많은 식물의 씨앗이 겨울 추위가 한창일 때는 발아하지 않다가 봄이 되어 따뜻해지면 발아한다. 이처럼 발아에 필요한 두 번째 중요한 조건은 따뜻한 기온으로, 씨앗이 적절한 온도로 유지되는 것이다.

발아를 위한 세 번째 중요한 조건은 공기다. 씨앗도 호흡을 하며 살아가는 에너지를 얻기 때문에 공기가 필요하다. 씨앗은 건조한 상태에서도 호흡을 하고 있다.

적절한 온도에서 물을 흡수해 싹이 움트기 시작하면 호흡은 더욱 격렬해진다. 새싹과 뿌리를 만들고 씨앗 껍질을 벗겨 싹을 틔우기 위해서는 많은 에너지가 필요하기 때문이다. 그러므로 씨앗이 발아할 때는 많은 공기가 필요하다. 더 구체적으로, 호흡을 위해 정말 필요한 것은 공기 중에 포함된 산소다.

정리해보면, 발아의 3가지 조건은 '적절한 온도, 물, 공기(산소)'다. 여기에 빛은 포함되지 않는다. 실제로 많은 식물의 씨앗이 빛이 비추지 않는 조건에서 싹을 틔우는데, 대두, 강낭콩, 무순 등을 예로 들 수 있다.

• 발아에 빛이 필요 없음을 보여주는 실험

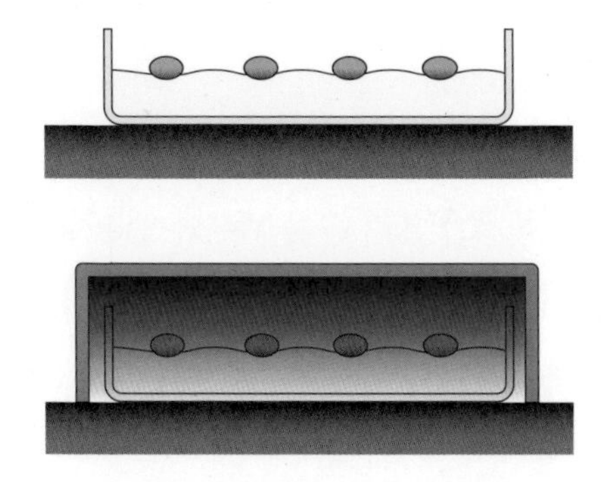

똑같은 용기 두 개에 물을 머금은 솜을 넣고 강낭콩 씨앗을 뿌렸다.
온도는 섭씨 20도로 설정한 가운데 한쪽 용기는 빛을 비추고
다른 쪽 용기는 어두운 상자 안에 넣었다.

> 문제 1) 실험 결과 어떤 일이 벌어졌을까?
> 문제 2) 실험 결과를 통해 무엇을 알 수 있는가?

답: 1)양쪽 모두 발아한다. 2) 발아에 빛은 필요 없다.

5-2 씨앗이 발아하지 않는 독특한 상태, '휴면'이란?

씨앗이 발아할 때 빛이 필요 없는 대두, 강낭콩, 무순 등은 우리가 흔히 재배하는 식물이다. 따라서 이들 씨앗은 싹을 틔운 뒤 빛이 닿을지 안 닿을지 걱정할 필요가 없다. 왜냐하면 어차피 우리가 성장에 필요한 적절한 강도의 빛이 닿는 곳에서 발아시키기 때문이다. 그러므로 발아의 3가지 조건이 충족되었다면 싹을 틔우면 된다.

하지만 자연에서 스스로 살아가는 식물은 '발아의 3가지 조건'이 충족되었다고 해서 선불리 싹을 틔우면 안 된다. 그리고 발아의 3가지 조건에 포함되지 않은 '빛'은 정말로 필요 없을까? 빛이 들지 않는 곳에서 움튼 싹을 떠올려보자. 새싹이 어떤 운명을 맞이할지 쉽게 상상할 수 있지 않은가? 발아 후 새싹은 씨앗 안에 저장된 영양분으로 얼마 동안은 성장할 수 있다. 하지만 그 후에는 흡수한 물과 이산화탄소에 빛을 더해서 성장에 필요한 양분을 만드는 '광합성'을 해야 한다. 빛이 닿지 않으면 새싹은 곧 시들 것이다. 차라리 씨앗 그대로였다면 열악한 환경을 피해 계속 살아갈 수도 있다.

그래서 싹을 틔우더라도 살아남기 힘든 환경이라면 씨앗은 발아하지 않는 편이 더 낫다. 발아한 뒤 성장에 적절한 조건이 갖추어질 기회를 엿보며 기다리는 게 생존을 위해 더 유리한 결정이다.

발아에 빛을 필요로 하는 씨앗은 빛이 닿지 않는 어두운 환경에서는 발아의 3가지 조건이 다 갖추어져도 발아하지 않는다. 이처럼 발아할 능력을 갖추었어도 발아의 3가지 조건 이외의 다른 조건이 충족되지 않아 발아를 하지 않는 씨앗의 상태를 '휴면'이라고 한다.

• **씨앗이 휴면하는 식물**

강아지풀

개여뀌

5-3 빛이 닿으면 발아를 억제하는 씨앗이 있다고?

1926년 독일 식물학자 빌헬름 킨첼은 독일 국내에 생육하는 식물 965종을 대상으로 씨앗이 발아하는 데 빛이 필요한지 여부를 조사했다. 그런 후 '약 70퍼센트 식물 종의 종자는 빛이 없으면 발아하지 않고, 약 27퍼센트 식물 종의 종자는 강한 빛이 닿으면 발아가 억제된다. 그러나 발아에 빛은 필요하다'라는 결과를 보고했다.

발아에 빛을 필요로 하는 식물은 많다. 빛이 닿으면 씨앗은 휴면 상태에서 벗어나 싹을 틔운다. 빛이 비춤으로써 씨앗의 휴면이 깨질 수 있는 것이다. 종자가 휴면 상태에 들어가는 것은 다양한 원인에 따른 것이지만, 그중 빛이 가장 중요한 영향을 미친다고 할 수 있다.

친근한 식물인 질경이나 양상추 씨앗 등으로 이 성질을 확인해보자. 작은 용기 두 개를 준비해 물을 머금은 솜을 깔고 그 위에 씨앗 수십 개를 뿌린 후 물이 마르지 않도록 투명한 뚜껑을 덮는다.

온도가 섭씨 25도 정도를 유지하도록 설정해 '적절한 온도, 물, 공기(산소)'라는 발아의 3가지 조건을 충족하는 환경을 조성한다. 이렇게 동일한 조건에 놓인 두 용기 중 하나는 상자에 넣어 빛을 차단한다. 즉, 빛이 닿는지 안 닿는지의 차이만 두는 것이다.

수일 후, 빛이 닿는 용기에서는 씨앗이 발아한 것을 확인할 수 있다. 그러나 빛이 차단된 용기에 담긴 씨앗은 발아하지 않았다.

이로써 '실험에 사용된 씨앗이 싹을 틔우기 위해서는 빛이 필요하다'라는 사실을 알았다. 빛 조건을 제외하면 다른 조건은 동일한 상태에서 실험했기에 결론적으로 '발아에는 빛이 필요하다'라고 말할 수 있다.

발아에 빛이 필요한 식물도 있는 것이다. 발아에 빛을 요구하는 씨앗을 '광발아종자'라고 한다. 반면 빛이 닿으면 발아를 억제하는 씨앗은 '암발아종자'라고 한다.

• **킨첼의 조사 결과**

빛이 닿으면 발아가 촉진되는 종	672
강한 빛이 닿으면 발아가 억제되는 종	258
빛의 영향을 받지 않는 종	35
합계	965

(Kinzel 1907)

• **광발아종자와 암발아종자**

광발아종자: 빛이 닿으면 발아가 촉진되는 것
달맞이꽃, 차즈기, 파드득나물, 양상추, 질경이, 담배 등

암발아종자: 빛이 닿으면 발아가 억제되는 것
호박, 맨드라미, 토마토, 오이, 시클라멘, 광대나물 등

5-4 양상추 씨앗에 원적색광을 비추면 발아가 억제되는 이유

식물을 재배하다 보면 '씨앗을 뿌렸는데 싹이 움트지 않는' 경험을 꽤 하게 된다. 다양한 이유를 생각할 수 있는데, 그중 씨앗을 덮은 흙의 양도 중요한 원인이 된다. 복토의 양이 발아에 영향을 주는 가장 큰 이유는 빛이 닿으면 발아를 억제하는 종자와 발아가 촉진되는 종자가 있기 때문이다.

파, 호박 등의 씨앗은 복토를 많이 해야 한다. 빛이 닿으면 발아가 억제되기 때문이다. 이러한 종류를 '빛을 싫어한다'는 의미로 '혐광성종자'라고 하거나 완전히 컴컴한 어둠 속에서도 발아하므로 '암발아종자'라고 한다.

반대로 복토를 가능한 얇게 해야 하는 양상추, 파드득나물 등의 씨앗은 빛이 닿으면 발아가 촉진된다. 이들은 '호광성종자' 혹은 '광발아종자'라고 한다. 빛이 닿는 장소에서 발아하면 광합성을 할 수 있기 때문에 식물에게는 더 좋은 상황인 것이다.

호광성종자가 '빛이 닿으면 발아한다'라는 것은 종자가 빛을 느낀다는 의미다. 빛을 느끼기 위해서는 빛을 느끼는 물질이 있어야 한다. 앞서 살펴본 것처럼, 잎에서 빛을 감지하는 물질인 클로로필(엽록소) 같은 것이 종자에도 있어야 할 것이다.

1937년, 미국 식물학자 루이스 플린트와 에드워드 매캘리스터는 씨앗에 있는 빛 감지 물질의 성질을 알아보는 실험을 했다. 그들은 백색광을 여러 가지 색 빛으로 나누어 각각의 빛을 양상추 씨앗에 비추었다. 그러자 적색광이 비추었을 때 발아가 촉진된 반면 원적색광이 비추었을 때는 발아가 현저하게 억제되었다. 원적색광은 인간의 눈으로는 느낄 수 없는 검붉은 색 빛으로 식물은 매우 잘 느낀다.

적색광은 또한 광합성에 이용되는 빛이다. 그러므로 적색광으로 인해 씨앗은 싹을 틔울 뿐 아니라 움튼 싹이 광합성까지 할 수 있다. 한편 원적색광은 광합성에도 도움이 되지 않는다. 따라서 원적색광이 비출 때 씨앗이 싹을 틔우지 않는 것이 이치에 맞는다.

비추는 빛의 색에 따라 발아 정도가 다르다는 것은 씨앗이 빛의 유무는 물론 빛의 색도 구분하고 있음을 알려준다.

• '호광성종자'와 '혐광성종자'

	호광성종자 복토를 하지 않거나 아주 얕게 한다	혐광성종자 종자 직경의 2~3배 복토가 기준
채소	양상치류, 파드득나물, 차즈기, 샐러리, 당근, 쑥갓, 바질 등	파류, 토마토, 가지, 피망, 호박, 수박, 고추, 부추, 무, 박과 채소 등
화초	꽃담배, 엑사컴, 양귀비, 피튜니아, 베로니카, 베로니아 등	스위트피, 루피너스, 백일홍, 물망초, 사루비아 등

5-5 씨앗은 '피토크롬' 덕분에 빛 색을 구분한다?

앞에서 소개한 실험으로 '발아는 적색광으로 촉진되고 원적색광으로 억제된다'라는 사실을 알았다. 그로부터 17년쯤 후, 미국 식물학자 해리 보스윅 연구팀은 양상추 종자를 대상으로 종자에 적색광과 원적색광을 교차로 비추면 발아에 어떤 영향을 주는지 알아보는 실험을 했다.

적색광을 비추면 발아가 촉진되었다. 그러다 원적색광을 비추면 발아가 억제되었다. 그 후 다시 한번 적색광을 비추면 발아가 촉진되고 다시 원적색광을 비추면 발아가 억제되었다. 이것은 몇 번을 반복해도 적용되었으며, 마지막으로 비춘 빛이 적색광이면 발아는 촉진되고 원적색광이면 발아는 억제되었다.

이 실험 결과의 의미를 설명하기 위해, 종자 속 빛을 느끼는 물질이 어떠한 성질을 가져야 하는지 생각해보았다. 그러고는 다음과 같은 가설을 세웠다.

'빛을 느끼는 물질에는 두 가지 형태가 있다. 하나는 발아를 억제하는 형(Pr)이고, 다른 하나는 발아를 촉진하는 형(Pfr)이다. Pr은 적색광을 잘 흡수하고, 흡수하면 Pfr로 변화한다. Pfr은 원적색광을 잘 흡수하고, 흡수하면 Pr로 변화한다.'

만약 이러한 성질을 가진 물질이 정말로 존재한다면, 실험 결과를 명확히 이해할 수 있다. 연구팀은 이 가설을 토대로 연구를 계속 진행한 결과 예상했던 성질을 그대로 가진 물질이 종자 안에 존재하는 것을 발견했다. 그리고 그 물질을 '피토크롬'이라고 명명했다.

종자는 피토크롬 덕분에 빛의 색을 구분하는 것이다. 피토크롬은 1장에서 이미 소개한 물질이다. 식물학의 역사 관점에서, 이 종자의 발아실험이 더 먼저 이루어졌으며 이 실험을 계기로 피토크롬이 발견되었다.

• 적색광(R)과 원적색광(FR)의 발아율(%) 효과

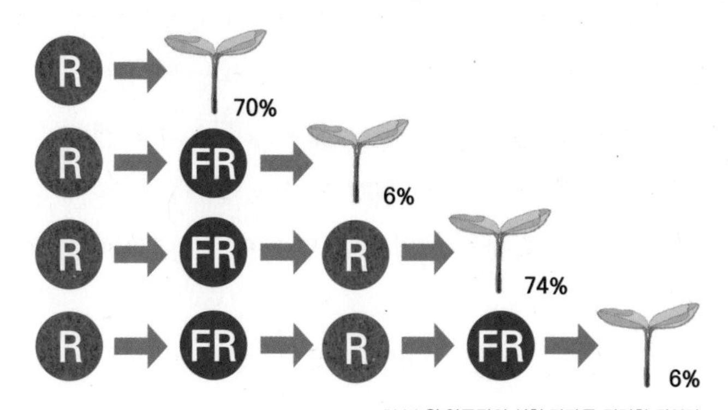

*보스윅 연구팀의 실험 결과를 정리한 것이다.

• 피토크롬의 성질

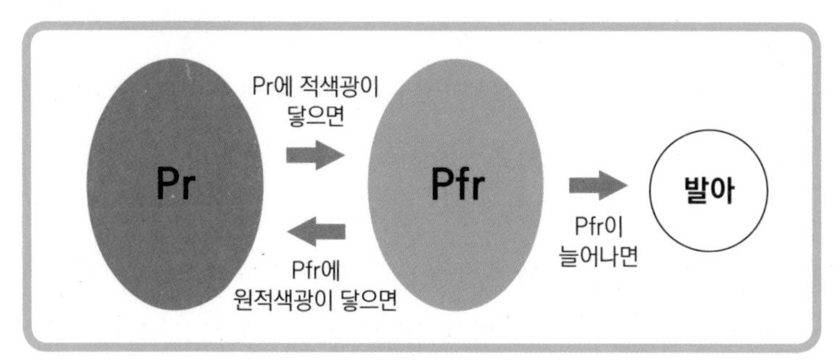

5-6 잡초 씨앗에 닿는 빛을 차단하면 잡초를 퇴치할 수 있다?

잡초가 생기지 않는 밭이나 화단을 만들기 위해서는 흙을 꼼꼼하게 갈아엎어서 잡초를 뿌리까지 다 뽑아버리면 된다고 생각하기 쉽다. 하지만 이렇게 잡초를 퇴치하는 것은 그다지 좋은 방법이 아니다.

흙을 갈아엎으면 이미 자란 잡초를 뿌리부터 제거하는 것은 가능하다. 하지만 땅속 깊이 묻혀서 그때까지 빛을 받지 못했던 잡초 씨앗이 이 기회에 빛을 쬘 수 있게 된다. 그러면 잡초 씨앗이 너무도 기쁜 마음으로 싹을 틔울 것이다. 흙을 갈아엎지 않더라도 제초한 잡초 뿌리에 흙이 붙어 있다면 그 흙에 있던 씨앗이 바로 싹을 틔운다.

잡초를 퇴치하는 최고의 방법은 씨앗이 발아하지 않게 하는 것이다. 잡초 씨앗은 대부분 빛을 느끼고 발아한다. 따라서 잡초 씨앗의 발아를 막으려면 씨앗에 빛이 닿지 않게 하면 된다. 즉, 잡초를 없애고 싶은 밭이나 화단의 흙 표면에 빛이 닿지 않게 해야 한다.

이를 위해 농업용 멀티필름으로 땅을 덮는 것이 효과적이다. 농업용 멀티필름으로 흙을 덮으면 잡초 씨앗에 빛이 닿지 않는다. 또 발아한 잡초의 싹에도 빛이 닿지 않도록 차단하기 때문에 싹의 성장을 방해하는 효과가 있다. 멀티필름은 지면 온도를 높게 유지하거나 지면의 건조를 막고, 흙이 튀어 올라 잎에 달라붙는 것도 막을 수 있다.

한편 흙 위를 볏짚 등으로 덮거나 잡초 종자를 포함하지 않은 재배용 흙으로 밭의 표면을 덮는 것도 효과적이다. 이러한 방법은 흙의 온도를 유지하는 동시에 지표면에 있는 잡초 씨앗에 빛이 닿지 않게 차단하는 역할을 한다.

밭이나 화단이 아니라 통로에 잡초가 자라는 것을 막는 방법으로 자갈을 까는 것도 생각해볼 만한다. 지나다니는 통로에 자라나는 잡초를 힘들여 일일이 뽑지 말고 통로 전체에 자갈을 깔아보자. 잡초를 꽤 줄일 수 있을 것이다.

• 멀티필름을 활용한 재배

멀티필름 재배의 효과 ① 잡초 씨앗에 빛이 닿지 않게 한다.
② 발아한 잡초의 싹에 닿는 빛을 차단한다.
③ 지면 온도를 높게 유지한다.
④ 지면 건조를 막아준다.
⑤ 흙이 튀어 잎에 붙는 것을 방지해 병에 걸리지 않게 한다.

씨앗은 왜 꼭 '겨울 추위'를 느껴야 발아할까?

씨앗이 휴면하는 원인은 빛 조건 말고도 다양하다. 어떤 씨앗은 적절한 온도가 주어지기 전에 낮은 온도를 경험해야 싹을 틔우는 것이 있다. 이런 종은 저온을 경험하지 못하면 발아의 3가지 조건이 갖추어졌어도 발아하지 않는다.

겨울 동안 잡초 싹이 전혀 보이지 않던 토지에 봄이 찾아오자 수많은 잡초가 싹을 틔웠다. 잡초 씨앗은 겨우내 그곳에 있었지만 발아하지 않았다. 그 이유를 '겨울 추위가 발아의 진행을 억제했기 때문'이라고 생각하기 쉽다. 봄이 되고 기온이 올라갔기 때문에 잡초 씨앗이 발아한 것은 사실이다. 그러나 따뜻한 날씨가 전부는 아니다.

왜냐하면 적절한 온도 때문에 싹을 틔웠다면 봄과 온도가 거의 비슷한 가을에도 발아할 수 있다. 하지만 가을에 발아하면 곧 다가올 겨울 추위 때문에 새싹이 성장하지 못한다. 그래서 추운 겨울이 지났음을 확인한 다음에야 씨앗이 싹을 내미는 것이다.

자연에서 봄에 움트는 씨앗은 겨울 추위가 지났음을 확인하기 위해 겨울 추위를 느껴야 한다. 가을에 결실을 맺는 강아지풀, 돼지풀, 개여뀌 등의 씨앗을 채집해 용기에 물을 머금은 솜을 깔고 씨앗을 뿌린다. 용기 안의 물이 증발하지 않도록 투명한 덮개로 덮은 후 따뜻한 실내에 두면 발아가 일어나지 않는다. 이번에는 같은 조건으로 하나를 더 준비한 후 일정 기간 동안 냉장고에 넣어둔다. 그런 후 따뜻한 방에 가져다 놓으면 발아가 일어난다.

냉장고 속에서 추위를 느끼게 했기 때문에 따뜻한 곳에서 씨앗이 싹을 틔운 것이다. 이는 자연에서 살아가는 잡초가 '추위를 느껴서 겨울이 지났음을 확인하고 발아하기' 위한 중요한 성질이다. 이들 씨앗은 낮은 온도에서 발아의 진행이 억제된다. 동시에 앞으로 있을 발아를 위한 반응이 씨앗 안에서 일어난다. 과연, 낮은 온도에서 무슨 일이 벌어지는 것일까?

• 겨울 저온을 겪지 않으면 발아하지 않는 식물의 씨앗

잡초	명아주, 강아지풀, 돼지풀, 메귀리
재배 식물	앵초, 단풍나무, 호두나무, 사과나무, 꽃산딸나무

• 저온을 경험한 사과나무 씨앗의 발아

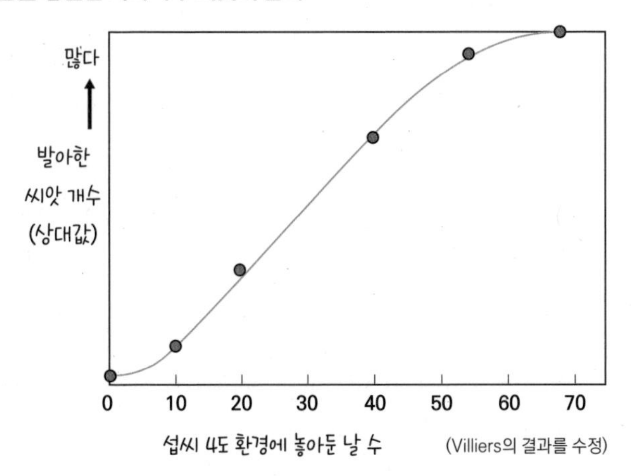

(Villiers의 결과를 수정)

5-8 식물은 온도 변화가 없으면 발아하지 않는다?

많은 식물 씨앗은 물과 공기(산소)가 충분한 가운데 하루 종일 섭씨 20~25도의 따뜻함을 유지하면 발아를 시작한다.

그런데 잡초인 명아주나 흰명아주 씨앗은 섭씨 20도 정도가 일정하게 유지되면 오히려 발아하지 않는다. 이들은 하루 24시간 중 12시간은 섭씨 20도 정도, 12시간은 섭씨 10도 정도로 온도가 변화하는 조건에 놓여야 발아를 시작한다. 이러한 씨앗을 발아시킬 때는 따뜻한 온도를 항상 유지하는 것보다 온도의 변화를 줄 필요가 있다. 이를 '변온요구성'이라 한다.

명아주나 흰명아주 씨앗은 높은 온도와 낮은 온도라는, 매일의 온도 변화를 느끼면 발아한다. 낮에는 따뜻하고 밤에는 추운 온도 변화를 감지하는 것이다.

낮에는 따뜻하고 밤에는 추운 것은 대기의 온도 변화인데, 지표면의 온도 또한 마찬가지로 변화한다. 낮에는 태양빛으로 지표면이 뜨거워지고 대기 온도가 올라간다. 반면 온기가 없는 밤이 되면 차갑게 식는다. 따라서 지표면 온도는 하루 동안 격렬하게 변화한다. 그런데 지표면에서 땅속으로 깊어짐에 따라 '낮은 따뜻하고 밤은 추운' 온도 변화가 적어진다. 특히 밤에 기온이 뚝 떨어지는 일이 땅속 깊은 곳에서는 자주 일어나지 않는다.

따라서 씨앗이 '따뜻한 온도가 변하지 않는 조건'에 있다면 그것은 씨앗이 땅속 깊이 심겨져 있음을 의미한다. 반대로 씨앗이 '온도 변화가 느껴지는 조건'에 있다는 것은 씨앗이 지표면 가까이에 있다는 의미다.

씨앗이 지표면 가까이에 있다면 싹을 틔운 뒤 자기가 가지고 있는 영양분으로 지표면을 뚫고 나아갈 수 있다. 반면 땅속 깊은 곳에 있는 씨앗은 발아한다고 해도 계속 살아갈 수 없다. 왜냐하면 작은 씨앗 안에 저장된 양분만으로는 발아한 싹이 빛이 닿는 지표면까지 성장할 수 없기 때문이다.

발아를 위해 온도 변화를 느낄 필요가 있다는 것은 씨앗이 '땅속 깊이 묻혀 있다면 발아하지 않는다'라는 의미다. 명아주와 흰명아주를 비롯해서 참소리쟁이, 강아지풀 같은 잡초는 이러한 성질을 지니고 있다.

• 씨앗의 발아를 위해 온도 변화를 요구하는 식물

명아주

참소리쟁이

5-9 나팔꽃 씨앗은 왜 단단한 껍질을 갖게 되었나?

씨앗이 딱딱하고 두꺼운 껍질에 싸여 있는 식물은 주변에 흔하다. 나팔꽃, 오크라, 시금치 등의 씨앗이 이런 종류로, 이를 '경실종자'라고 한다. 이들 씨앗은 빨리 싹을 틔우려면 딱딱한 껍질에 상처를 내거나 샌드페이퍼 등으로 껍질을 갈아야 한다. 그렇다면 이들은 왜 두꺼운 껍질을 갖게 되었을까? 이런 껍질이 식물에게 어떤 이익을 가져다줄까?

씨앗은 더위나 추위 같은 안 좋은 환경을 견뎌내야 하는 중요한 역할이 있다. 단단한 껍질은 더위와 추위를 견디는 데 도움이 된다. 또 건조한 환경에서도 방어막이 되어준다.

씨앗의 또 다른 중요한 역할이 있다. 바로 식물의 생육지를 바꾸거나 넓히는 일이다. 이를 위해 씨앗은 동물에게 먹힌 후 위와 장에서 소화되지 않고 변과 함께 배출되어야 한다. 두꺼운 껍질은 이 점에서도 효율적이다.

새로운 생육지를 차지한 뒤에도 씨앗은 할 일이 남아 있다. 씨앗의 껍질은 싹을 틔울 적절한 때와 장소를 고르는 데 있어서도 중요한 역할을 한다. 씨앗이 발아하려면 단단한 껍질을 부드럽게 만들어줄 물이 많이 필요하다. 그 정도로 충분한 물이 있는 때와 장소라면 싹을 틔운 뒤 뿌리를 내릴 때까지 필요한 물이 보장되는 것이다. 따라서 씨앗은 물이 부족하지나 않을까 걱정하지 않고 싹을 틔울 수 있다.

한편 단단하고 두툼한 씨껍질은 토양에 미생물이 많이 있으면 분해된다. 그러면 물과 공기가 씨앗 안으로 들어오기 때문에 싹을 틔울 준비를 시작한다. 미생물이 많다는 것은 수분이 있는 비옥한 토양을 의미한다. 따라서 발아 후 성장 환경이 좋은 장소다.

딱딱한 껍질을 가진 씨앗은 이처럼 '때'와 '장소'를 골라 발아하기 때문에 같은 해, 같은 그루에서 만들어진 종자라고 해도 그 후 어디로 이동했는가에 따라 발아하는 시기가 달라진다.

각각의 씨앗은 발아에 적합한 '때'와 '장소'를 골라 몇 년에 걸쳐, 다양한 장소에서 제각각 발아한다. 같은 해에 같은 그루에서 만들어진 씨앗이 모두 한꺼번에 발아해버리면 그 후 심한 가뭄, 추위, 더위가 돌연 덮쳐왔을 때 전멸할 위험이 있다. 몇 년에 걸쳐서, 다양한 장소에서 제각각 발아하는 것은 이러한 위험을 피하는 데 도움이 된다.

• **경실종자의 대표적인 예**

오크라 꽃과 씨앗이 들어 있는 과실

5-10 종피를 벗기고 알맹이만 남은 '나출종자'의 장단점

종묘회사 씨앗 판매 카탈로그를 보면 시금치 씨앗을 두고 '나출종자(naked seed)' 혹은 '네이키드 종자'라고 한다. '네이키드(naked)'는 '알몸이 되었다'라는 의미다. 씨앗이 알몸이라니, 과연 어떤 씨앗일까? 나출종자란 '종피를 벗기고 알맹이만 남겨진 종자'를 의미한다.

앞에서 소개한 것처럼 딱딱하고 두꺼운 껍질에 싸여 있는 씨앗은 싹을 틔우기까지 시간이 제법 소요되며 씨앗을 한꺼번에 심어도 발아 시기가 제각각 다르다. 이러한 성질은 빨리 그리고 한꺼번에 싹을 틔우기를 바라는 재배식물의 경우 단점이 될 수 있다.

그래서 오크라를 예로 들면, 오크라 씨앗을 심기 전 씨앗을 하룻밤 정도 물에 담가 둔다. 그렇게 하면 발아가 빨리 일어남과 동시에 발아하는 씨앗 비율이 높아지고 발아가 한 시점으로 모인다.

나팔꽃 씨앗을 빨리, 한꺼번에 발아시키기 위해 농황산(濃硫酸)이라는 약품에 수십 분간 담가놓는 경우도 있다. 농황산은 의복에 묻히면 천을 너덜너덜하게 만드는 무서운 약품이다. 하지만 딱딱하고 두꺼운 종피는 이렇게 강한 약품에 수십 분 정도 담가놓으면 그제야 얇아진다. 그 다음 물로 잘 씻어 하룻밤 정도 지나면 다음 날 발아할 수 있는 상태가 된다.

딱딱하고 두꺼운 씨껍질이 발아를 조절하는 역할을 한다고 하니, 껍질을 아예 없애면 발아가 빨리, 한꺼번에 일어날 수 있지 않을까? 실제로 씨껍질을 벗기면 대부분 식물 종의 씨앗은 단번에 모두 발아해 새싹이 성장하기 시작한다. 그래서 시금치 같은 경우 나출종자가 시판되는 것이다. 나출종자는 씨껍질이 없기 때문에 발아 속도가 빠르며 한꺼번에 일어난다. 뿐만 아니라 병원균이 부착되었을 위험이 있는 껍질이 없기 때문에 병에도 잘 걸리지 않는 이점이 있다.

• 시금치 씨앗과 나출종자

딱딱하고 두꺼운 껍질을 제거한 나출종자는 종자를 심은 뒤 수일 내 일제히 발아한다. 종자가 빨간색을 띄는 것은 병원균방제제를 포함한 착색제 때문이다.

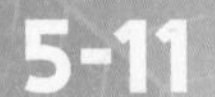

5-11 아밀라아제 없이 씨앗은 발아할 수 없다고?

벼와 옥수수 씨앗이 발아할 때 씨앗 안에서 지베렐린이 작용한다. 지베렐린이 씨앗을 발아시키는 구조는 벼, 밀, 보리, 옥수수 등 벼과 식물을 대상으로 조사되었다.

벼과 종자는 주로 3가지 부분으로 이루어진다. 배, 배유, 호분층이다. '배'는 새싹이나 뿌리가 생기는 부분, '배유'는 녹말을 많이 포함한 부분이다. '호분층'은 단백질을 많이 포함한 한 층 혹은 여러 층 세포로, 배유를 감싸듯 존재한다.

'발아'란 뿌리나 새싹이 종피(씨껍질)를 찢으면서 나오는 것을 말한다. 따라서 발아가 되려면 씨앗 안에서 뿌리와 새싹, 줄기가 종피를 찢을 수 있을 만큼 성장해야 한다. 이를 위해서는 에너지가 필요한데, 에너지는 포도당을 기반으로 생성된다.

포도당은 배유에 포함된 녹말이 아밀라아제라는 효소로 분해되어 만들어진다. 아밀라아제는 인간이 녹말을 분해하는 소화효소로 잘 알려져 있다. 씨앗이 발아하기 위해서는 우선 아밀라아제가 만들어져야 한다.

씨앗 안에서 아밀라아제 합성을 재촉하는 것이 지베렐린이다. 지베렐린은 배 부분에서 만들어진다. 한편 아밀라아제는 호분층에서 만들어진다. 따라서 지베렐린이 배에서 호분층으로 이동해 아밀라아제를 합성하도록 움직인 결과 호분층에서 아밀라아제가 만들어지고, 아밀라아제가 배유에 있는 녹말을 분해해서 포도당이 만들어지는 것이다.

씨앗이 발아하기 위해서는 아밀라아제의 활동이 필요한 것 외에 단백질을 분해하는 효소, 세포벽을 분해하는 효소 등이 활동해야 한다. 호분층에서 이들 효소의 합성을 재촉하는 것 또한 지베렐린이다. 결국 씨앗에 지베렐린을 제공하면 발아를 촉진시킬 수 있다.

• 벼과 씨앗의 구조와 발아의 구조

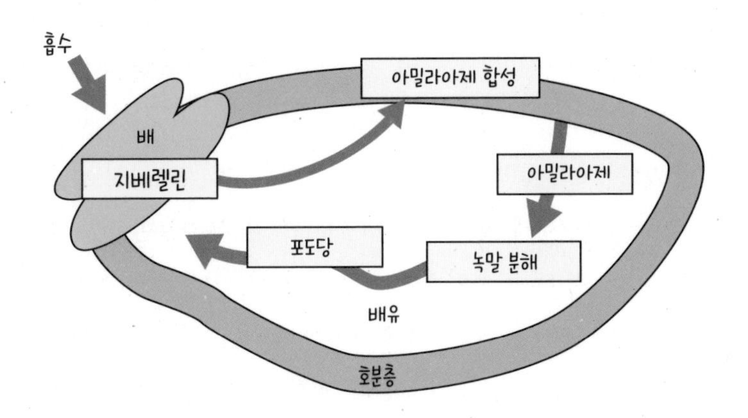

지베렐린은 배에서 만들어진다. 그리고 호분층으로 이동해 거기에서 아밀라아제를 합성하도록 움직인다. 호분층에서 만들어진 아밀라아제는 배유에 있는 녹말을 분해해 포도당을 만든다. 결국 지베렐린이 움직임으로써 녹말이 분해되어 포도당을 만들고 발아가 일어나는 것이다. 실제로 지베렐린은 호분층에서 아밀라아제뿐 아니라 씨앗 발아에 필요한 많은 효소의 합성을 유도한다.

5-12 발아하기 어려운 씨앗도 '지베렐린'을 주면 발아시킬 수 있다?

지베렐린은 씨앗 안에서 만들어져 발아를 재촉하는 물질이다. 그래서 지베렐린을 인위적으로 주면 발아하기 힘든 조건에 있는 씨앗도 발아시킬 수 있다. 예를 들어 빛이 닿지 않으면 발아하지 않는 양상추나 파드득나물의 씨앗을 깜깜한 어둠 속에서 발아시킬 수 있는 것이다.

가을에 결실을 맺은 차즈기, 장미 등의 씨앗은 바로 발아하지 않는다. 바로 발아하면 겨울 추위로 인해 살 수 없기 때문에 겨울 추위를 체감한 뒤에 발아한다. 그런데 지베렐린을 주입하면 그런 씨앗이 추위를 겪지 않았는데도 발아시킬 수 있다. 차즈기, 복숭아, 장미, 사과, 개여뀌 등의 씨앗이 지베렐린만 있으면 추위를 체감하지 않고도 발아할 수 있다.

한편 많은 씨앗이 피토크롬으로 빛을 느끼며, 적색광이 닿으면 발아한다. 이는 적색광에 의해 발아를 촉진하는 Pfr이 만들어지기 때문이다. Pfr이 만들어지면 어떻게 해서 발아가 일어날까?

Pfr이 지베렐린의 합성을 촉진하기 때문이다. 적색광이 닿으면 씨앗 안에 지베렐린 양이 늘어난다. 또한 적색광을 닿게 한 다음 원적색광을 닿게 하면 지베렐린은 늘어나지 않는다. Pfr이 있으면 지베렐린이 만들어지고 Pfr이 없으면 지베렐린은 만들어지지 않는다.

지베렐린 합성을 방해하는 물질 제공 실험으로도 Pfr과 지베렐린이 연결되어 있음을 알 수 있다. 지베렐린 합성을 방해하는 물질을 씨앗에 제공한 후 적색광을 비추었다. 그러자 발아해야 할 씨앗이 발아하지 않았다. 적색광을 비추었지만 방해제로 인해 지베렐린이 합성되지 않았기 때문이다.

'적색광이 닿으면 씨앗이 발아한다'라는 현상과 '지베렐린을 제공하면 씨앗이 발아한다'라는 현상의 연결을 다음과 같이 정리할 수 있다.

• 피토크롬과 지베렐린의 관계

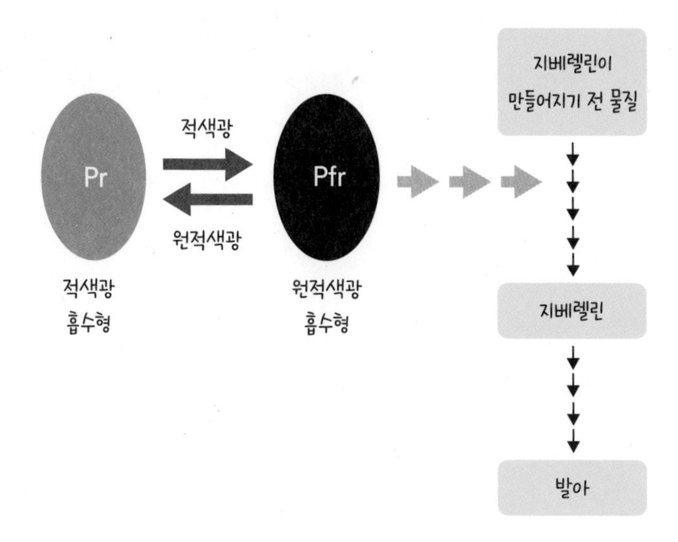

적색광을 비추면 씨앗 안에서 피토크롬의 Pfr 타입이 만들어진다. 이것이 씨앗 안에서 지베렐린의 합성을 촉진하고, 지베렐린이 발아를 촉진한다.

출전: 다나카 오사무 『씨앗의 신비로움』(SB크리에티브. 2012년)

5-13 씨앗 발아에 관여하는 또 다른 물질, '아브시스산'의 정체는?

봄에 꽃이 피는 매화, 벚꽃, 자목련, 꽃산딸나무 등의 꽃봉오리는 전해 여름쯤 만들어진다. 꽃봉오리가 여름에 만들어진다면 그해 가을에 꽃이 피어도 되지 않을까?

하지만 가을에 꽃이 피면 곧이어 찾아오는 겨울 추위 때문에 씨앗을 만들 수 없고, 씨앗이 만들어지지 않으면 자손을 남길 수 없다. 그러면 종족이 멸종하고 말 것이다. 그러므로 이들 수목은 가을 동안 겨울 추위를 견딜 수 있는 겨울눈으로 꽃봉오리를 감싼다.

겨울눈이 형성되면 여름에 만들어진 꽃봉오리는 봄이 될 때까지 꽃을 피우지 않는다. 가을에 봄처럼 따뜻해도 겨울눈은 꽃을 피우지 않는다. 겨울눈은 '싹이 휴면하고 있는' 상태로, 겨울의 저온을 체감한 뒤 봄이 찾아오면 따뜻함에 반응해 꽃을 피운다. 이는 겨울 추위를 느끼면 겨울눈 속에서 따뜻해지면 싹을 틔우거나 꽃을 피우기 위해 필요한 반응이 일어남을 의미한다.

추위를 겪기 전 겨울눈에는 아브시스산이라는 물질이 많이 포함되어 있다. 아브시스산은 꽃봉오리가 피어나는 것을 억제한다. 추위를 느끼면서부터 겨울눈 안에서 아브시스산이 줄어들고 날씨가 따뜻해지면 개화를 촉진하는 지베렐린이 만들어진다.

아브시스산과 지베렐린은 겨울눈뿐 아니라 씨앗의 발아에도 관여한다. 가을에 결실을 맺은 씨앗은 겨울의 저온을 느끼며 깨어나

이어지는 따뜻함에 반응해 싹을 틔운다. 만일 가을에 따뜻함을 느끼더라도 씨앗은 발아하지 않는다. 이는 겨울 추위를 겪는 동안 씨앗 안에서 무언가가 일어난다는 뜻이다. 씨앗 안에서 도대체 무슨 일이 벌어지는 것일까?

저온을 느끼기 전 발아하지 않는 씨앗 안에는 발아를 억제하는 물질인 아브시스산이 많이 포함되어 있다. 그리고 저온을 겪으면서 아브시스산의 함유량이 감소한다. 추위를 느끼는 것으로 아브시스산이 분해되는 것이다.

한편 겨울 추위를 겪은 뒤 씨앗 안에서는 지베렐린이 늘어난다. 지베렐린은 발아를 촉진한다. 따라서 저온을 겪음으로써 발아를 억제하는 물질이 분해되는 동시에 발아를 촉진하는 물질이 합성됨에 따라 발아가 일어나는 것이다.

• 씨앗 안에서 일어나는 일

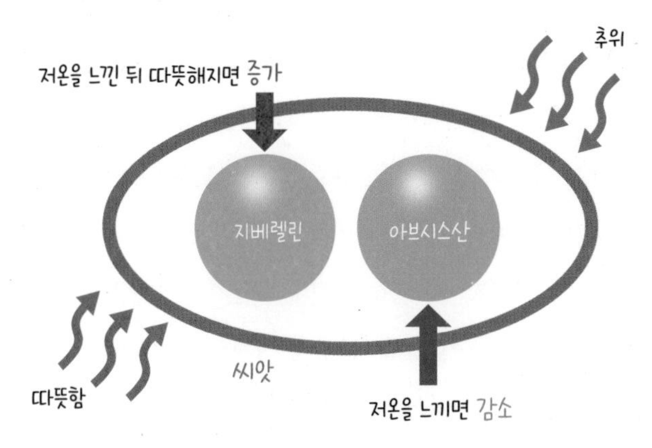

5-14 '땅속줄기'를 무기로 무한 생존력을 자랑하는 식물, 쇠뜨기

식물이 살아가는 모습은 제각각 다양하다. 추운 겨울이 오면 지표면의 혹독한 추위를 피해서 땅속으로 줄기가 파고 들어가는 식물이 있다. 보통 줄기는 땅 위로 나오지만 지상으로 나오지 않고 땅속에서 뿌리처럼 뻗어나는 줄기를 '땅속줄기'라고 한다.

땅속줄기는 땅속에서 뿌리처럼 옆으로 길게 뻗어가며 자란다. 흔히 볼 수 있는 것으로 대나무나 연꽃의 뿌리줄기가 있으며, 그 외에도 약모밀, 호장근, 고사리, 메꽃, 클로버 등 많은 식물이 땅속에서 줄기를 늘리며 살아간다. 그중 쇠뜨기를 예로 들어 땅속줄기의 이점을 살펴보자.

쇠뜨기는 땅속줄기로 겨울 추위를 견딘 후 봄이 되면 줄기가 밖으로 나오고 여름에 지표면 흙이 건조한 장소에서도 잘 자란다. 지표면 흙은 건조해도 땅속에는 수분이 있다. 땅속줄기가 있어 여름 무더위로 인해 수분이 부족할 때에도 문제 없는 것이다.

지상에서 쇠뜨기는 폭이 좁은 잎이 가늘게 무성해지며 그렇게 크지는 않다. 쇠뜨기의 지상부 모습이 '말 꼬리'를 연상시킨다고 하여 영문명은 horse tail이다.

쇠뜨기는 뽑는 것으로 제초될 것 같지만, 땅속줄기까지 다 뽑아낼 수는 없다. 땅속줄기가 길고 깊게 자라나 있기 때문이다. 땅속줄기가 든든히 지지해준 덕분에 쇠뜨기는 지상에서 살아갈 수 있다. 인간이 열심히 베어내도 땅속 깊이 길게 뻗어 있는 땅속줄기까지 모두 없앨 수 없다. 꺾이고, 뽑히고, 밟혀도 쇠뜨기의 땅속줄기에서는 다시 싹이 나온다.

동물에게 땅 위 부분을 먹혀도 땅속줄기까지 먹히는 일은 거의 없다. 따라서 싹이나 잎이 끊임없이 다시 만들어질 수 있다. 땅 위 쇠뜨기가 제초제에 고갈되어도 영양분을 가진 땅속줄기는 땅속 깊은 곳에서 살아남는다. 땅속줄기가 있는 잡초는 쉽게 사라지지 않는다.

• 땅속줄기가 있는 쇠뜨기

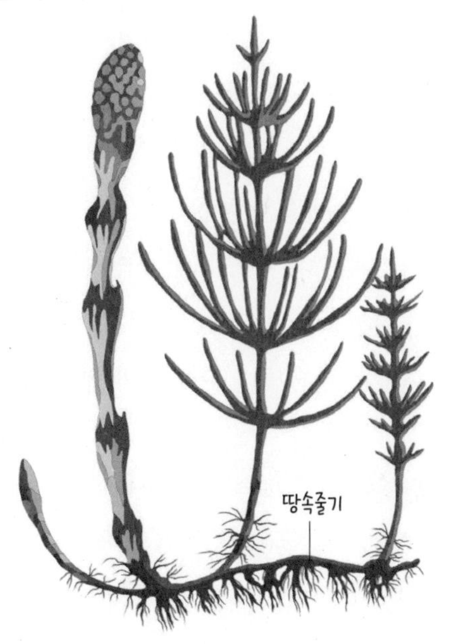

5-15 '로제트' 형태로 겨울을 지낸 식물이 봄 발아 식물보다 빨리 성장하는 이유

가을이나 겨울에 들이나 길가를 좀 더 주의 깊게 관찰해보자. 갓 싹을 틔운 식물이 많이 있다. 이들 식물은 가을에 발아해서 특별한 모습으로 겨울 추위를 견디며 지낸다.

그 특별한 모습이란, 줄기를 늘리지 않고 그루의 중심부터 방사형으로 많은 잎을 만드는데, 그 잎이 지면에 붙어서 뻗어간다. 가급적 겹치지 않도록 잎이 나오기 때문에, 장미의 꽃잎처럼 서로 엇갈려 잎이 펼쳐진다. 이 모습에서 장미꽃(rose)이 연상되기 때문에 '로제트(rosette)'라 부른다.

애기수영이나 참소리쟁이, 봄망초, 개망초, 양미역취 등의 잡초가 가을에 발아한 뒤 겨울에는 로제트 모습으로 지면에 붙어서 뻗어가듯 잎을 전개한다.

추위나 건조함은 지면에서 높아질수록 혹독해지고 지면에 가까워질수록 다소 누그러진다. 따라서 로제트 모습으로 있으면 지면 가까이에서 거친 환경을 견디기에 용이하다. 또한 잎이 지면에 달라붙어 있으면 매섭게 부는 차가운 바람의 영향도 그다지 받지 않는다.

추위와 거친 환경에 유리할 뿐 아니라 방사형 모습으로 잎을 크게 넓히고 있는 것으로 빛을 충분히 받을 수 있다. 겨울 지표면에는 다른 식물의 잎이 적기 때문에 빛을 받기 위해 싸울 필요가 거의 없다. 자기 잎이 서로 겹치지 않도록 방사형으로 펼치기만 해도 쾌청한 겨울날의 온화한 태양빛을 충분히 받을 수 있다. 이 빛으로 광합성을 해서 영양분을 만들어낸다.

로제트 형태로 겨울을 지내면 따뜻한 봄이 되어 발아를 시작하는 다른 식물보다 빨리 성장을 시작할 수 있다. 따뜻해지면 바로 키를 늘려 다른 식물을 자기 그늘에 두고 빛이 가지 못하게 한다. 다른 식물의 성장을 방해하는 일은 있어도, 자기가 다른 식물의 그늘로 가는 일은 없다.

이처럼 겨울을 로제트 모습으로 지내는 것은 봄의 성장에 대비하며 장소를 확보해놓는 의미도 있다.

• 민들레

민들레나 질경이는 겨울뿐 아니라 1년 내내 로제트 상태로 지낸다. 잎이 펼쳐진 면적이 작아도 이는 바로 이 식물의 세력권이다. 이들 식물의 잎을 만들어내는 싹은 지표면과 같은 정도의 높이에 있다. 그래서 동물이 이들의 싹을 먹기 힘들다. 잎은 먹혀도 새싹은 동물에게 먹히지 않고 남겨지고, 남겨진 싹에서 잎이 다시 자라난다.

5-16 양미역취는 어떻게 다른 식물의 발아나 성장을 억제할까?

식물은 자기 세력권을 지키기 위해 자기와 같은 무리가 아닌 종족의 발아나 성장을 저해하는 물질을 뿌린다. 이를 '알렐로파시(allelopathy)', 또는 '타감작용(他感作用)'이라고 한다. 그리고 그 원인이 되는 물질을 '알렐로파시 물질'이라 한다.

예를 들어 호두를 포함하는 가래나뭇과의 낙엽에는 '유글론(juglone)'이라는 물질이 포함되어 있다. 이것이 만들어지기 전의 물질은 잎에 있을 때 아무런 작용도 하지 않지만, 비를 맞아서 떨어지거나 낙엽으로 토양에 흡수되거나 하면 유글론이 만들어져서 주변의 풀을 말려버린다. 따라서 이 나무 주변에는 풀이 자라지 않는다.

50~60년 전, 귀화식물인 양미역취가 맹위를 떨치며 공터나 들판에서 번성했다. '이 식물이 왜 이렇게 번성할까?' 이상하게 여겨졌다. 이를 두고 주로 다음의 3가지 설명이 있었다.

첫째, '귀화식물이기 때문에 천적이나 병해충이 없기 때문'이다. 둘째, '씨앗으로도 늘어나고 땅속줄기로도 늘어난다. 게다가 꽃이 피는 시기가 길고 만들어지는 씨앗 수도 많다. 또 땅속줄기가 늘어나는 속도도 빨라서 사방팔방으로 넓혀가기 때문'이다. 셋째, '군생하며, 키가 크기 때문에 군락 안이 어두워져서 다른 식물 씨앗이 발아해 성장하기가 어렵기 때문'이다.

이러한 성질 3가지를 모두 가지고 있다니, 양미역취가 무시무시하게 퍼져 나가는 게 납득된다. 하지만 양미역취가 다른 식물의 발아나 성장을 억제하는 비밀은 따로 있었다. 양미역취는 자기 주변에 다른 식물의 발아와 성장을 방해하는 물질을 뿌리고 있었다. 그것은 '시스 데히드로마트리카리아 에스테르(cis-dehydromatricaria ester)'라는 알렐로파시 물질이다. 그래서 양미역취 주변에 다른 식물이 자랄 수 없는 것이다.

• **양미역취**

5-17 식물이 곰팡이·병원균을 퇴치하는 데 사용하는 물질, 피톤치드

녹음진 숲이나 나무 사이를 걸으면 기분이 좋아지며 몸과 마음이 상쾌해지는 것을 느끼곤 한다. 이를 '삼림욕'이라 하는데, '삼림욕'의 '욕(浴)'은 '뒤집어쓰다'라는 의미이므로 삼림욕은 숲속에서 뭔가를 흠뻑 뒤집어쓰는 것을 말한다. 그렇다면 과연 숲속에서 흠뻑 뒤집어쓰는 것은 뭘까?

1930년 구소련 레닌그라드대학의 보리스 토킨은 '식물은 몸에서 곰팡이나 세균을 죽이는 다양한 물질을 내보내면서 자기 몸을 지킨다'라고 주장했다. 그 물질은 향기다.

식물 잎이나 줄기에서 방출되는 향기를 '피톤치드(phytoncide)'라고 한다. 러시아어로 '피톤(Phyton)'은 '식물', '치드(Cide)'는 '죽이는 것'을 의미한다. 즉, '피톤치드'는 식물이 곰팡이나 병원균을 멀리하거나 퇴치하거나 번식을 억제하는 데 활용하는 향기다. 우리가 삼림욕을 하며 흠뻑 뒤집어쓰는 것이 바로 피톤치드다.

수목이 잎이나 줄기에서 내뿜는 향기는 우리 생활 속에서 입욕제, 화장품에도 사용된다. 유자탕이나 창포탕 등 목욕탕에 넣는 다양한 방향제는 욕조 내 곰팡이와 세균 번식을 억제하는 효과가 있다. 덕분에 우리도 몸과 마음을 안정시키고 숙면과 식욕을 촉진하는 효과를 만끽할 수 있다.

• 유자탕

• 창포탕

사진 제공: 기노사키온천 '희락'

5-18 편백나무가 세균과 벌레에 강한 것은 독특한 '향기' 덕분이다?

우리는 일상에서 식물 향기가 곰팡이나 세균을 죽이거나 번식을 억제하는 작용을 많이 이용하고 있다. 예를 들어 녹나무 잎의 향기가 있다. 녹나무 잎을 따서 서로 문질러 비비면 꽤 강한 향기가 난다. 이 향기의 성분은 '장뇌(樟腦)'라는 물질로, 양복 등이 벌레 먹지 않도록 지켜주는 방충제로 사용된다.

생선회에 첨가하는 와사비나 차즈기는 식물 향을 이용해 음식 보존을 꾀하는 사례다. 와사비 향기의 주요 성분은 알릴이소티오시아네이트(Allyl Isothiocyanate), 차즈기 잎의 향기는 페릴릴알데히드(Perillylaldehyde)다.

조릿대나 대나무 잎은 떡을 말아서 찌거나 떡이나 생선초밥을 감쌀 때 흔히 사용되었다. 옛날에는 고기와 주먹밥을 싸는 데 대나무 껍질을 활용했으며 최근에도 고등어초밥을 싸는 용도로 대나무 껍질을 사용하곤 한다. 대나무 껍질은 상하기 쉬운 고등어가 부패하는 것을 늦추는 역할을 한다.

향기가 강한 편백나무 잎의 살균효과도 많이 알려졌다. 편백나무는 옛날부터 식품의 신선함을 유지하는 용도로 흔히 이용되었다. 생선가게나 초밥집에서 생선 밑에 편백나무 잎을 깔아 놓은 것을 볼 수 있다.

편백나무는 잎뿐 아니라 줄기와 가지의 향기도 강하다. 그 향기

덕분에 세균과 벌레에 강한 것이다. 그래서 부엌에서 사용하는 도마, 습도가 높고 따뜻해 세균 번식이 활발할 수 있는 목욕탕에서 사용하는 나무통, 의자 등을 편백나무로 만든다. 또 편백나무 자재는 벌레에 먹히거나 부식되지 않고 오래 사용해야 하는 건물, 창호, 고급 옷장 같은 가구에도 사용된다. 나라현의 불교 사찰 호류지는 세계에서 가장 오래된 목조건축물로, 세워진 지 1,000년도 넘었다. 호류지 건축재료로 편백나무가 사용되었다.

편백나무에 포함되어 항균, 세균작용을 하는 '나무 향기'로 표현되는 것은 '히노키티올(Hinokitiol)'이다. 이것은 '편백나무기름'의 성분이다.

• **향이 강한 편백나무 잎**

5-19 식물이 병원체와 싸우기 위해 만든 무기, 파이토알렉신

인간이 수많은 병에 시달리는 것과 마찬가지로 식물도 다양한 병에 걸린다. 원예점에 가면 흰가루병, 녹병, 노균병 등 식물의 병과 관련된 다양한 약제가 팔리고 있다. 식물도 병에 걸리고 싶지 않을 것이다. 그래서 곰팡이, 세균, 바이러스 같은 병원체로부터 자기 몸을 지키려고 다양한 방법을 생각해낸다.

식물 세포 주변에는 딱딱한 세포벽이 있다. 게다가 세포벽을 보호하듯 세포벽 바깥쪽을 왁스 같은 것이 덮고 있는 식물이 있다. 이들 잎의 표면은 반짝반짝 빛나 보이는데, 이것을 방어벽으로 병원체 침입을 막는다.

하지만 병원체는 그 방어벽을 뚫고서 또는 방어벽 틈으로 침입하려 한다. 병원체가 침입하면 식물은 상당히 민감하고도 놀랍게 반응한다. 침입 받은 세포가 스스로 죽어버리는 것이다. 세포가 죽음으로써 몸 안으로 들어온 병원체를 봉쇄한다.

또한 자기가 죽으면서 주변 세포에게 '병원체의 침입을 받았으므로 이를 해치울 물질을 만들어라'라는 신호를 보낸다. 주변 세포는 즉시 병원체와 싸우기 위한 물질을 만들기 시작한다.

식물이 병원체와 싸우기 위해 만들어낸 물질을 '파이토알렉신(phytoalexin)'이라고 한다. '파이토'는 그리스어로 '식물', '알렉신'은 '방어물질'이라는 뜻이다. 즉, 파이토알렉신은 '식물이 만들어낸 방어물질'을 의미한다.

식물 종류에 따라 파이토알렉신이 만들어지는 시간은 제각기 다르다. 하지만 병원체가 감염된 후로 대략 십여 시간 안에 만들어지는 경우가 많다.

• 잘 알려진 작물의 파이토알렉신

작물	파이토알렉신
감자	리시틴, 파이튜베린
토마토	리시틴
담배	캡시디올
고구마	이포메아마론
강낭콩	파제올린
대두	글리세올린
완두콩	피사틴
벼	오리잘렉신, 사쿠라네틴
수수	메톡시아피게니니딘
배추	브라시닌
당근	6-메톡시멜레인
잇꽃	사피놀

5-20 비늘줄기에 지닌 독성물질 '리코린'으로 자신을 지키는 수선화

식물은 자기 몸을 지키기 위해 다양한 구조를 몸에 갖추고 여러 방법을 궁리하고 있다. 하지만 식물이 아무리 교묘하게 몸을 지키려 해도, 동물에게 먹히는 숙명에서는 벗어날 수 없다. 혹시라도 식물이 동물에게 먹히는 것을 완전히 거부하고 도망갈 수 있다면 지구상의 모든 동물은 살아남을 수 없을 것이다.

식물은 꽃가루를 옮기기 위해 곤충이나 새 등의 동물에게 신세를 진다. 또한 동물의 몸에 붙어서 종자를 옮기기도 한다. 동물이 열매를 먹을 때 안에 있는 종자를 흩트려 뿌려주기도 하고, 혹은 종자를 그대로 삼켰다면 어딘가 멀리에서 분변과 함께 배출해준다. 덕분에 식물은 움직이지 않고도 새로운 생육지를 얻을 수 있고 생활 장소를 이동할 수 있다. 그러니 식물도 분명 '조금이라면 동물에게 먹혀도 상관없다'라고 생각할 것이다.

그렇더라도 다 먹히면 곤란하다. 그래서 식물 중에는 유독한 물질로 몸을 지키는 종이 많다. 식물의 독성 물질은 인간에게 식중독을 일으키기도 하는데, 흔한 예로 수선화 잎을 부추 잎으로 착각하는 경우가 있다.

수선화는 석산(Lycoris radiata)과 같은 종류다. 석산은 비늘줄기에 독성 물질이 있는 것으로 유명한데, '리코린(lycorine)'이라고 부르는 석산의 독성 물질을 수선화도 가지고 있다.

한편 부추는 최근에는 수선화과(Amaryllidaceae)로 분류되지만 종래에는 백합과(Liliaceae) 채소였으며, 봄의 부추 잎은 부드럽고 맛이 있다. 부추에는 특유의 향이 있지만 수선화에는 그 향이 없다. 그래서 '수선화 잎를 부추로 착각해서 먹을 일은 없다'라고 여겨진다. 하지만 수선화의 평평하고 가늘고 긴 잎은 부추와 아주 많이 닮았다. 그래서 부추와 수선화가 가까이에서 재배되고 있으면 부추를 채취할 때 수선화 잎이 섞이는 일이 현실에서 일어나곤 한다.

• 부추와 수선화 비교

부추와 수선화의 잎은 상당히 닮았지만,
지하부는 서로 다르다.

5-21 식중독 원인의 독성 물질 '콜히친'이 통풍 특효약이라는데?

2014년 가을에 시즈오카현의 70대 남성이 자신이 재배하고 있던 원예용 '콜키쿰(Colchicum)'이라는 식물을 식용산채인 명이로 착각해서 먹고 사망한 일이 보고되었다. 2007년에도 니가타현에서 콜키쿰의 잎을 명이나물로 잘못 알고 먹은 사람이 사망했다.

명이는 동북지방에서 인기가 많은 산채로, 봄이 오면 지면으로 나온 잎을 식용한다. 반면 콜키쿰은 유독한 물질을 품고 있어 먹으면 안 된다. 콜키쿰은 최근에는 콜키쿰과(Colchicaceae)로 분류되지만 종래에는 백합과에 속한 식물로, 봄에 땅 위로 나오는 잎의 모양이나 크기가 명이와 닮았기 때문에 착각해서 먹는 일이 발생한 것이다.

한편 2013년 여름, 삿포로시에서 60대 여성이 집 정원에서 자란 콜키쿰 구근을 양하로 착각해서 먹은 후 복통과 구토 등 식중독 증상을 일으켜 병원으로 운송되었다. 콜키쿰 구근은 그 모양이나 크기가 양하와 닮았다.

'왜 이렇게 유독한 식물이 주변에서 재배되는 것일까' 의문이 생길 것이다. 그 이유는 콜키쿰이 원예용 식물로 시판되기 때문이다. 가을에 피는 콜키쿰 꽃은 꽃잎이 6장으로 옅은 보라색이 우아하며 그 직경은 6~9센티미터로 크고 아름답다.

식중독의 원인이 되는 것은 콜키쿰의 속명을 따라 이름 지어진

'콜히친(colchicine)'이라는 유독물질이다. 이 물질은 '통풍' 특효약의 성분이다. 또한 이 물질은 씨 없는 수박을 만드는 데도 사용된다.

이렇게 실수로 먹어서 발생하는 중독사건을 피하기 위해서는 원예식물과 식용식물을 섞어서 심지 말아야 한다.

• **명이와 콜키쿰**

사진 제공: 농업연구기구 동물위생연구소

5-22 은행잎이 샛노란 이유는 '카로티노이드' 색소 때문이다?

녹색 잎이 노란 잎으로 변하는 대표적인 나무는 은행나무다. 해마다 가을이 되면 은행나무 잎은 늘 그랬듯 노란색으로 변한다. 그런데 '올해는 은행나무 단풍색이 예쁘다'라든가 '올해는 은행나무 단풍색이 별로네'라는 식으로 은행나무의 단풍색을 비교하지는 않는다.

또 '저쪽 은행나무는 색이 예쁘게 물들었네'라거나 '그쪽 은행나무는 단풍색이 안 예뻐' 등 장소에 따라 색의 상태가 비교되는 일도 거의 없다. '그 동네 은행나무는 예쁘다'라고 말하기는 하는데, 그럴 때는 가로수처럼 은행나무가 많이 모여 있어 가을이 되면 온통 노란 잎으로 물드는 장소일 경우가 많다.

은행나무 잎이 물드는 방법이 해마다, 혹은 장소에 따라 그다지 바뀌지 않는 이유가 있다. 은행나무 잎이 노란색이 되는 것은 가을이 되면서 노란색 색소가 일부러 만들어지지 않기 때문이다. 잎이 녹색일 때 노란색 색소가 이미 만들어졌지만 잎의 녹색에 가려져 있었던 것이다. 은행나무의 노란색 색소 이름은 '카로티노이드'다.

잎의 녹색이 진할 때 노란색은 눈에 띄지 않는다. 그러다 가을이 깊어가고 기온이 점점 낮아지면 녹색 클로로필 색소가 잎에서 줄어들기 시작한다. 그러면 숨겨져 있던 노란색 색소가 점점 눈에 띄면서 노란 잎이 된다.

그래서 은행나무의 노란 단풍은 해마다 혹은 장소에 따라 그다지 변화가 없다. 가을의 기온 저하가 빨라지거나 느려지면 녹색 색소인 클로로필이 빨리 줄어들거나 늦게 줄어들기 때문에 노란 단풍의 시기가 빨라지거나 느려진다. 단풍이 드는 시기는 달라져도 노란색은 늘 같은 색이다.

• 은행나무의 노란 잎

노란색 색소 카로티노이드는 잎이 녹색일 때 이미 만들어져 있다. 하지만 녹색 색소 클로로필에 가려 노란색이 눈에 띄지 않는다.

기온이 낮아지고 클로로필이 잎에서 줄어들면 가려져 있던 카로티노이드가 점점 눈에 띄면서 노란 잎이 된다.

도쿄 히카리가오카공원의 은행나무

5-23 '안토시아닌'이 없으면 붉은 단풍잎도 볼 수 없다?

가을에 붉은 잎으로 물드는 대표적인 나무는 단풍나무다. 그래서 붉은 잎의 계절이 돌아오면 단풍나무의 색이 화제가 된다. 은행나무의 노란 잎은 해에 따라 혹은 장소에 따라 그다지 차이가 없다. 그러나 단풍나무의 붉은 잎은 '올해는 예쁘다'라든가 '작년에 비해 색이 별로다'라며 예전과 비교된다. 또한 '저쪽 단풍나무가 더 예쁘다'라거나 '이쪽 단풍나무는 색이 좋지 않다'라며 장소에 따른 차이도 화제가 된다.

단풍나무는 잎이 녹색일 때 붉은 색소를 가지고 있지 않다. 따라서 붉은색이 되기 위해서는 잎의 녹색 클로로필이 없어지면서 '안토시아닌'이라는 붉은 색소가 새롭게 만들어져야 한다.

붉은 잎이 예쁘게 물들기 위해 중요한 것이 2가지 있다. 하나는 하루 동안의 온도 변화로 낮은 따뜻하고 밤은 시원해지는 것이다. 또 하나는 태양빛, 특히 자외선이 강하게 닿아야 한다. 이 2가지 조건이 만족했을 때 붉은 색소 안토시아닌의 붉은색이 예쁘게 발색된다.

해마다 낮의 따뜻함과 밤의 시원함의 정도에는 차이가 있다. 그래서 해에 따라 색이 '좋다', '나쁘다'는 일이 벌어진다. 또한 장소에 따라서도 낮과 밤의 춥고 따뜻함의 온도 차이가 달라진다. 자외선이 닿는 것도 장소에 따라 다르다. 그래서 붉은색의 발현 정도가 장소에 따라 달라지는 것이다.

붉게 물든 잎이 예쁜 상태로 유지되기 위해서는 높은 온도가 필요하다. 온도가 낮으면 잎이 건조해지면서 노화하기 때문이다. '단풍나무 명소'라 알려진 장소는 조금 높은 산 중턱에 있는 산골짜기 경사면이 많다. 이러한 장소에서는 높은 온도가 유지되고, 낮과 밤의 온도 차이가 분명하며, 공기가 깨끗하고 맑아서 자외선이 잘 닿는다.

집 정원에 있는 한 그루 단풍나무에서도 태양빛이 잘 닿는 부분부터 잎이 붉어진다. 붉게 물든 잎을 그냥 바라보지만 말고 주변 단풍나무로 색이 붉게 물드는 과정을 잘 관찰해보자.

가을이 되면 붉은 잎이 되는 블루베리나 마가목, 단풍철죽, 화살나무 등의 잎에서도 붉게 변하는 구조는 완전히 동일하다.

• 단풍나무의 붉은 잎

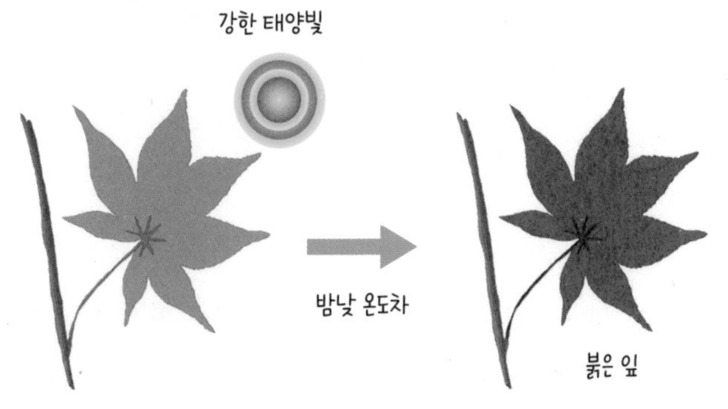

잎이 녹색일 때는 녹색 색소 클로로필만 있을 뿐 붉은 색소 안토시아닌은 없다.

기온이 낮아지면 잎에서 클로로필이 줄어들고 낮의 따뜻함이나 태양 자외선으로 안토시아닌이 만들어지면서 새빨갛게 붉은 잎이 된다.

5-24 잎이 스스로 떨어지는 게 사실일까?

봄부터 열심히 일한 잎은 가을이 무르익으면 말라서 떨어진다. 이것이 '낙엽'이라 불리는 현상으로, 낙엽을 떨어트리는 수목을 '낙엽수'라고 한다.

말라버린 잎은 바람에 휘날려 춤추며 떨어지는 듯 보인다. 하지만 잎은 말라버린 뒤 바람에 날려 떨어지는 것이 아니다. 잎은 스스로 준비해 말라서 떨어지는 것이다.

잎은 겨울 추위가 다가오는 것을 느끼면 '겨울 동안 자기는 도움이 되지 않는다'라고 느끼고는 끝을 결심한다. 잎의 최후 업무는 말라서 떨어지기 위한 준비다. '잎이 정말 스스로 떨어진다고?' 의아할 것이다. 하지만 그렇게 생각할 근거가 있다.

잎은 말라서 떨어지기 전, 녹색 잎일 때 가지고 있던 녹말과 단백질 등의 영양분을 수목 본체로 되돌린다. 가지고 있던 영양분을 되돌려주기 때문에 낙엽에는 영양분이 거의 포함되어 있지 않고 섬유질만 눈에 띈다.

수목의 본체로 돌아간 영양분은 수목이 살아가는 데 중요하다. 그래서 바로 사용되는 경우도 있고, 겨울 동안 종자나 과실 형태로 저장되는 경우도 있다. 봄에 싹트는 새싹이나 땅속뿌리에 저장하는 경우도 있다.

잎이 영양분을 본체로 돌려준다는 것만으로 잎이 '스스로 죽음을 각오하고 떨어진다'라고 생각하는 것은 아니다. 떨어지는 부분의 형성도 잎의 지령으로 이루어진다. 잎은 2가지 부분으로 이루어져 있다. 잎몸과 잎자루다. 잎몸은 가지에 붙어 있는 잎의 평평하게 펼쳐진 녹색 부분이다. 잎자루는 잎몸이 가지나 줄기에 연결된 부분이다.

잎은 낙엽이 되기 전에 잎자루 밑동 부분에 '잘라서 떨어지기 위한 장소'를 형성한다. 그 구조는 뒤에서 좀 더 살펴보자.

• **낙엽수**

5-25 식물은 왜 가지로부터 떨어지는 부분, '이층'을 만들까?

잎이 수목의 가지로부터 떨어지는 부분을 '이층(abscis layer, 離層)'이라고 한다. 잎은 이 부분에서 가지와 분리되어 떨어진다. 이층은 일부러 만드는 것이기 때문에, 같은 종류 식물의 낙엽을 나열해놓고 잎자루 끝을 관찰해보면 완전히 같은 형태를 하고 있다.

이제 막 떨어진 잎의 끝을 관찰해보면 그 부분은 여전히 신선한 색을 유지하고 있다. '말라버린 잎'이라 하지만 잎자루가 말라서 떨어지는 것은 아니라는 것이다.

'가지나 줄기가 역할을 다한 잎을 잘라버리기 위해 이층을 만든다'라고 생각할 수도 있다. 하지만 그렇지 않다. 이층은 가지나 줄기에서부터가 아니라 잎에서부터의 움직임으로 형성된다. 그것을 보여주는 실험이 있다.

가지에 붙어 있는 녹색 잎의 잎몸을 잎자루와의 접점에서 잘라버리고 잎자루만 남겨준다. 그런 후 잎몸을 자르지 않은 경우와 비교해보면 잎자루만 남겨진 것이 훨씬 먼저 떨어져 나간다. 잎몸을 잘라버리면 이층이 빨리 만들어지기 때문이다.

잎몸이 잘렸다 해도 잎자루의 잘린 부분에서 '옥신'이라는 물질을 계속 보내면 잎자루는 떨어지지 않는다. 즉, 옥신은 잎몸에서 만들어지는 것으로 이층의 형성을 억제하는 물질이다.

이러한 현상으로 '일하고 있는 잎은 잎몸이 옥신을 만들어 잎자루로 계속 보내고, 보내진 옥신이 이층의 형성을 억제한다'라고 생각할 수 있다.

때가 되면 잎은 옥신을 보내는 것을 멈추고 스스로 이층의 형성을 촉진하며 말라서 떨어진다. 그 모습을 보면 '참으로 아름답고 깔끔한 퇴장이구나' 하는 생각이 든다. 봄부터 열심히 일한 잎이 겨울이 가까워지자 스스로 말라서 떨어지는 자세가 정말 아름답고 깔끔하지 않은가?

• 낙엽의 구조

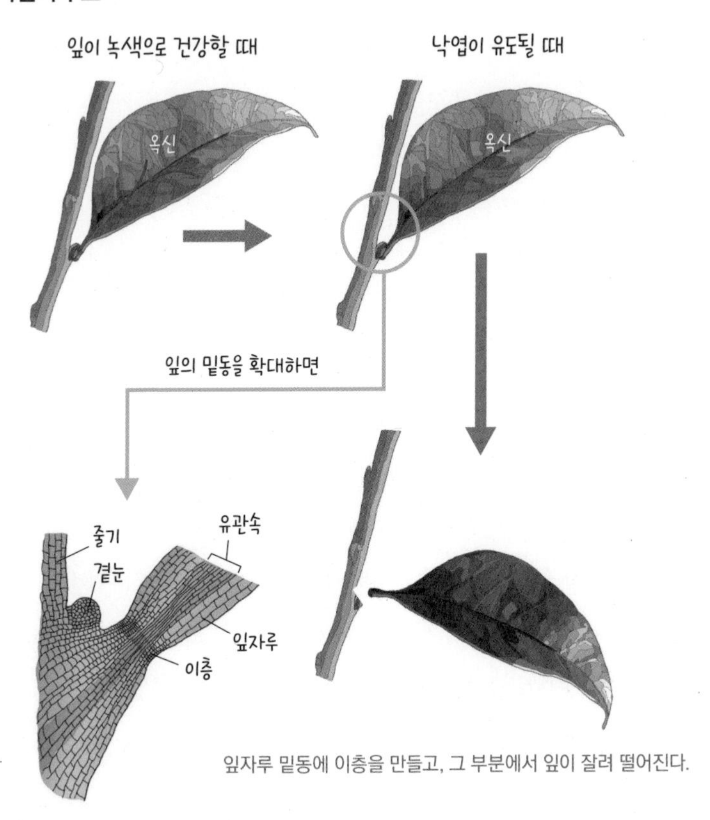

잎자루 밑동에 이층을 만들고, 그 부분에서 잎이 잘려 떨어진다.

5-26 왜 상록수의 잎은 1년 내내 녹색일까?

가을이 되면 많은 식물의 잎이 바싹 말라서 떨어진다. 하지만 1년 내내 녹색으로 빛나는 잎을 달고 있는 수목도 있다. '상록수'라 불리는 삼나무, 소나무, 전나무, 동백나무, 금목서 등이다.

이들 식물이 겨울 추위 속에서 어떻게 녹색 잎 그대로 지낼 수 있는지, 옛날부터 참으로 신기하게 여겨졌다. 그래서 사람들은 맹추위를 만나도 말라버리지 않고 녹색 그대로의 잎을 가진 수목을 '영원한 생명'의 상징으로 여기며 영목이나 신목으로 숭배해왔다.

제사에서는 비쭈기나무의 잎가지가 신목으로 사용된다. 불단이나 묘지에서는 붓순나무가 제공된다. 비쭈기나무도 붓순나무도 상록수다. 이들 수목은 예부터 신사나 절에서 소중하게 식재되며 받들어졌다.

그런데 최근에는 '왜 저 나무는 1년 내내 녹색을 그대로 유지할 수 있을까?'라는 의문을 잘 품지 않고 신기하게 여기지도 않는다. 사람들에게 '왜 상록수의 잎은 1년 내내 녹색일까요?'라고 질문하면 대부분 '추위에 강하기 때문'이라고 답한다.

이 대답이 틀린 것은 아니지만 충분하지도 않다. 왜냐하면 이 대답 속에는 이들 수목이 겨울의 혹독한 추위를 견디기 위해서 하는 치열한 노력이 담겨 있지 않기 때문이다. 이들이 아무런 노력 없이 추위에 강할 리는 없다.

예를 들어 이러한 수목의 잎을 더운 여름에 겨울과 같은 낮은 온도를 겪게 하면 그 잎은 저온을 견디지 못해 얼어붙고 말라버린다. 그런데 겨울 추위를 겪고 있는 녹색 잎은 겨울의 낮은 온도에서도 얼지 않는다. 우리 눈에는 똑같은 녹색인 듯 보이지만, 겨울의 녹색 잎은 추위를 맞이하며 이를 견디기 위한 준비를 한다는 것이다. 어떠한 준비를 하고 있는지는 뒤에서 알아보자.

• 상록수인 금목서

5-27 '응고점강하'를 무기로 겨울에도 신선한 잎을 유지하는 상록수

녹색 잎은 겨울에도 태양빛을 받아서 영양을 만드는 광합성 활동을 한다. 이 활동을 하기 위해서는 매서운 추위가 몰려와도 얼어서는 안 된다. 겨울 추위 속에 놓여도 얼지 않는 성질을 몸에 갖추어야만 한다.

그래서 이들 잎은 겨울을 맞이할 때 잎 안에 얼지 않기 위한 물질을 늘린다. 예를 들면 당분이다. '당분'은 '설탕'이라 생각해도 문제없다.

잎은 왜 겨울을 맞이하면서 당분을 늘릴까? 일반 물과 설탕을 녹인 설탕물을 두고 어느 쪽이 잘 얼지 않을까를 생각해보면 알 수 있다.

냉동고에서 얼려보면 그냥 물보다 설탕물이 잘 얼지 않는다. 그리고 녹아 있는 설탕 양이 많으면 많을수록 더 잘 얼지 않는다. 물속에 당이 녹아 있는 만큼 액체의 어는 온도가 낮아진다.

액체인 물이 고체의 얼음으로 바뀌는 것을 '응고'라고 하며, 그것이 발생하는 온도가 응고점이다. 보통의 물이라면 응고점은 섭씨 0도다. 그런데 물에 설탕 등의 물질을 녹이면 어는 온도가 낮아진다. 이것이 '응고점강하' 현상이다.

'응고점강하'란 '순수한 액체는 휘발하지 않는 물질이 녹아들면 녹아들수록 고체가 되는 온도가 낮아진다'라는 것이다. 바꿔 말하면, 물 안에 당이 많이 녹을수록 그 액체가 어는 온도가 낮아진다는 것이다. 따라서 당분을 늘린 잎은 겨울 추위에도 얼지 않고 녹색 그대로 있을 수 있다. 실제로는 추위를 겪는 것으로 비타민류 등의 함유량이 늘어나기 때문에, 이들 물질에 따른 응고점강하 효과가 생긴다. 그래서 더더욱 쉽게 얼지 않게 된다.

• **추위 속의 무**

겨울에 키우는 채소는 얼지 않기 위해 당분이나 비타민 등의 물질을 늘린다. 통상적으로 물은 섭씨 0도에 얼지만 당분 등이 녹아 있는 액체는 어는 온도인 응고점이 낮아져서 잘 얼지 않는다.

5-28 채소와 과일은 왜 추위를 겪으면 더욱 달콤해질까?

초봄에 먹는 무, 배추, 양배추, 당근 등을 먹으면 '달다'라고 한다. 이것은 겨울 추위를 견뎠기 때문이다. 그래서 당분이 증가하고 단맛이 증가한다.

시금치는 겨울에 따뜻한 온실에서 재배한다. 그런데 출하 전 일부러 일정 기간 온실 안에 차가운 겨울바람이 들어오게 해서 추위를 겪게 하는 시금치가 있다. 이것이 겨울시금치다. 당분을 늘리고 단맛을 늘리려는 목적으로 일부러 추위를 겪게 하는 것이다.

소송채는 시금치, 쑥갓과 함께 '3대 비결구(양배추나 배추처럼 속이 꽉 차지 않는 형태) 녹색채소'에 속한다. 일본에서는 소송채가 에도시대에 고마츠가와에서 재배되어 '고마츠나'라고 불린다. 또 휘파람새(우구이스)가 지저귈 때 나오고 색도 휘파람새를 닮아 '우구이스나'라 불리기도 한다.

겨울에 출하되는 소송채는 온실에서 재배된 것이다. 그런데 겨울시금치처럼 출하 전 일정 기간 동안 온실 안에 겨울 찬바람이 불게 해서 일부러 추위를 겪게 한다. 그로 인해 소송채의 단맛이 증가한다. 이를 '겨울소송채'라고 한다.

'겨울당근'은 초봄에 출하된다. 이것은 가을에 수확하지 않고 추운 겨울 내내 눈 덮인 땅 아래 묻혀 있던 당근이다. 겨울당근의 당도는 보통 당근의 2배가 될 정도로 달다.

과일 중에도 온주귤 등은 겨울 추위를 겪으면서 달아진다. '완숙귤'이라 불리는 것은 겨울 추위를 겪은 귤로 당분이 높다.

가을에 수확되는 밤 열매는 수확된 직후 건강할 때 한 달 정도 섭씨 4도의 낮은 온도에서 저장하는 경우가 있다. 이렇게 하면 단맛이 2배 정도 늘어난다고 한다.

추위를 겪는 동안 식물 속에 증가하는 주요 물질은 당분이다. 그런데 물에 녹아서 응고점강하를 초래하는 물질, 예를 들어 아미노산이나 비타민류 등도 늘기 때문에 달아질 뿐만 아니라 맛이 풍부해진다.

• 혹독한 겨울 추위를 견딘 후 단맛이 늘어난 채소

사진 제공: 후지야마현 농림수산부 농업기술과

5-29 식충식물이 점액을 내뿜는 이유는?

식충식물은 실제로 벌레를 먹는 식물이다. 이들은 곤충이나 그 외 작은 동물을 잡아서 소화하고 영양분을 흡수한다. 포획하는 방법은 식물에 따라 제각각 다르다.

파리지옥은 벌레가 잎에 닿으면 잎을 닫아서 벌레를 잡는다. 네펜데스는 잎이 변형된 항아리 같은 모양의 포충기를 늘어뜨리고 있는 덩굴성 식물이다. 끈끈이주걱은 잎에 점액을 분비한 끈적끈적한 털이 있어서 그곳에 멈춘 벌레를 잡는다. 통발속의 잎은 '포충엽'이라고 하는데 주머니의 입구를 털로 감추고 있다가 그곳에 들어간 벌레를 잡는다. 벌레잡이제비꽃은 잎 면에 점액을 분비해 두었다가 그곳에 멈춘 벌레를 잡는다. 이들이 바로 식충식물이다.

한편, 끈끈이대나물이라는 식물이 있다. 이것은 줄기에 잎이 나온 아랫부분에 끈적끈적한 점액을 분비한다. 그래서 벌레가 잡히는 경우가 있지만 식충식물은 아니기 때문에 벌레를 소화시키지 않는다. 그렇다면 왜 점액을 내뿜을까? 개미가 줄기를 타고 올라와서 꽃의 꿀을 빼앗아가는 것을 막기 위해서라고 알려져 있다.

NHK라디오방송에 〈여름방학 아이들과 과학전화 상담〉이라는 프로그램이 있다. 전국의 아이들이 전화를 해서 식물이나 동물, 우주 등에 대해 여러 가지 질문을 한다. 식물담당 답변자로 출연한 적이 있는데, 아이들 몇 명이 '파리지옥은 무엇을 위해 벌레를 잡나요?'라고 질문했다.

도대체 식물이 벌레를 잡는 게 식물에게 무슨 도움이 되냐는 소박한 질문이었다. 잡힌 곤충을 관찰해보면 답을 떠올릴 수 있다. 식물은 벌레에게서 영양분을 흡수하기 위해 단백질을 분해하는 효소 등의 액체를 내뿜어 벌레를 소화한다. 인간이 고기나 생선을 먹고 그것을 소화해서 양분을 흡수하는 것과 똑같다.

• 파리지옥

• 끈끈이주걱

5-30 벌레를 잡아먹는 파리지옥도 광합성 하는 식물이다?

파리지옥이 '벌레를 잡아서 양분을 섭취한다'라고 하면 아무래도 동물처럼 사는 듯한 인상을 준다. 하지만 그렇지 않다.

파리지옥 역시 일반 녹색식물과 마찬가지로 클로로필을 가지고 있는 녹색이며 광합성을 한다. 그러므로 햇빛이 잘 닿는 장소를 선호하며 생활한다. '벌레에게서 양분을 얻는다'라고 해도 파리지옥은 충분한 빛과 물이 있으면 광합성을 한다. 그러나 광합성으로 만들 수 있는 포도당이나 녹말은 원하지 않는다.

파리지옥은 잡은 벌레에서 양분을 흡수하기 위해 단백질을 분해하는 소화효소 등의 액체를 내뿜어 벌레를 소화한다. 인간이 고기와 생선을 먹고 소화시켜서 단백질 등의 질소화합물을 얻는 것과 마찬가지다. 식충식물도 단백질 같은 질소화합물을 원한다. 단백질은 '아미노산'이라는 질소화합물이 연결된 것이다.

일반 식물은 질소를 포함한 양분을 흙에서 흡수한다. 그렇다면 '왜 파리지옥은 뿌리로 질소를 포함한 양분을 흡수하지 않을까?'

파리지옥의 원산지는 북아메리카로, 파리지옥은 질소 양분이 그다지 포함되지 않은 척박한 토지에서 자랐다. 따라서 질소 양분을 뿌리에서 흡수할 수 없기 때문에 벌레의 몸에서 섭취하는 능력을 갖게 된 것이다.

그렇다면 이번에는 '그러한 삶의 방법을 택하면서까지 척박한 토지에서 살아가는 장점이 있을까?'라는 질문이 이어질 것이다. 보통 식물은 양분이 부족한 토지에서는 살아갈 수 없다. 하지만 이 구조를 몸에 익힌 덕분에 다른 식물에게 방해받지 않고 경쟁도 하지 않는 환경에서 살아갈 수 있게 된 것이다.

• **단백질과 아미노산**

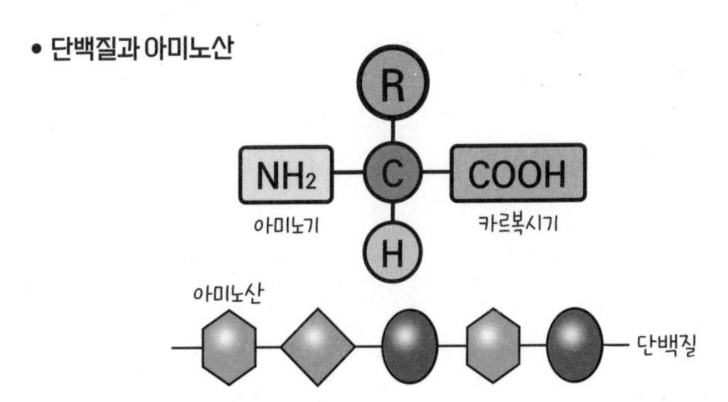

아미노산은 아미노기와 카르복시기를 가진다. 단백질은 아미노산이 연결된 것이다.

• **단백질을 구성하는 아미노산**

아스파르트산(아스파트산)	알라닌
글루탐산	글리신
아르기닌(아르지닌)	발린
리신	류신
히스티딘	이소루신(아이소루신)
아스파라긴(아스파라진)	프롤린
글루타민	페닐알라닌
세린	메티오닌
트레오닌	트립토판
티로신(타이로신)	시스테인

위 양식표에 있는 R 부분의 구조는 20종류가 있으며 아미노산별로 다르다. 그것이 표의 아미노산이다.

5-31 기생식물과 착생식물의 근본적 차이는?

다른 식물의 몸에 달라붙어서 영양분을 빼앗아 살아가는 식물을 '기생식물'이라고 한다. 영양분을 뺏기는 쪽은 '숙주'라고 한다. 숙주는 영양을 뺏기지만 그로 인해 말라 죽거나 하는 일은 없다. 기생식물은 숙주에 붙어서 영양을 흡수하는 기관을 발달시킨다.

기생식물 중에는 클로로필을 가지고 있어서 광합성이 가능함에도 다른 생물에게서 영양분을 빼앗는 반(半)기생도 있다. 이런 유형의 식물은 제대로 기생하지 못할 경우 자기 뿌리를 살리고 잎으로는 광합성을 해서 살아가는 것이 가능하다. 물론 그렇게 되면 성장이 제대로 이루어지지 않는다. 대표적인 기생식물로 밤나무, 너도밤나무, 벚나무, 팽나무 등에 기생하는 겨우살이가 있다.

모든 영양분을 완전히 다른 식물에게 의존하는 것은 '전(全)기생'이라 한다. 대표적으로 새삼을 들 수 있다. 확실히 새삼은 일반적인 뿌리를 갖고 있지도 않고, 잎은 퇴화했으며, 덩굴 같은 줄기에서 숙주에 흡착하기 위한 뿌리를 내서 숙주를 휘감으며 영양을 빼앗는다. 꽃도 예쁘게 피운다. 단, 줄기가 녹색을 띄고 있어 전기생이라고 할 수 있을지 미심쩍은 부분이 있다.

기생식물이라고 해서 아무 식물에나 기생하는 것은 아니다. 기생식물에 따라 기생당하는 숙주는 제한되어 있다. 예를 들어 야고는 억새나 사탕수수, 양하의 뿌리 등에 기생한다.

수목 표면에 부착해서 생활하는 식물로 착생식물이 있다. 착생식물은 겉보기에는 기생식물 같지만 부착한 식물에게서 영양분을 빼앗지는 않는다. 착생식물은 보통 뿌리를 갖지 않고 착생근으로 부착해 있다. 난과 식물이나 양치식물 가운데 착생식물이 많다.

• **겨우살이**

5-32 라플레시아가 지독한 악취를 풍기는 이유는?

우리 주변에 '뭔가 특이하다'라고 여겨지는 삶의 방식을 택한 식물이 몇 가지 있다. 그 대표적인 것으로 식충식물과 기생식물이 언급된다. 이와 더불어 '향이 독특한 식물'로 알려진 라플레시아(rafflesia)를 소개하고 싶다. 이 식물은 동남아시아 수마트라섬이 원산지로 열대아시아에서 자라며 '세계에서 가장 큰 꽃'을 피우는 것으로 알려졌다.

꽃의 직경은 큰 것은 약 1미터, 무게는 7킬로그램 가까이 된다. 이 식물의 꽃에서는 '썩은 고기 냄새' 혹은 '오래 신은 양말 냄새'로 표현되곤 하는 향기가 뿜어 나온다. '꽃 향기는 좋은 것'으로 여기는 우리에게 이 꽃의 향기는 상당히 특이한 인상을 준다. 물론 이러한 향기에는 중요한 역할이 있다.

라플레시아 꽃의 꽃가루는 벌이나 나비가 아니라 파리가 운반한다. 인간에게 지독한 악취로 느껴지는 꽃 향기는 바로 라플레시아 꽃가루를 옮겨줄 파리를 유혹하는 향기다. 파리에게 매력적인 향기라는 것이다.

라플레시아는 포도과 식물 뿌리에 기생한다. 줄기도, 뿌리도 가지지 않고 숙주에게 세포가 파고들 듯 들어가서 영양분을 빼앗아 살아간다.

식충식물이나 다른 기생식물과 마찬가지로 이 식물은 '독특한 것'으로 여겨진다. 하지만 그렇게 여겨지는 삶의 방식은 식물들이 제각각 열심히 고안한 것으로, 최선을 다해 살아가는 '생존의 모습'이라 생각하면 쉽게 이해할 수 있다.

• **라플레시아**

5-33 생물의 사체나 배설물 등으로 생존하는 식물, 부생식물

많은 식물과 마찬가지로 꽃을 피우고 종자를 만들지만 광합성으로는 영양분을 만들지 못하는 식물이 있다. 생물의 사체나 배설물, 혹은 그것의 분해물 등을 양분으로 성장하는 식물이다. 이들을 '부생식물'이라고 한다.

그런데 부생식물도 스스로 사체나 배설물에서 양분을 섭취하는 능력은 없으며, 이러한 영양분을 섭취할 수 있는 균류가 뿌리에 공존한다. 부생식물로 나도수정초와 으름난초가 잘 알려져 있다.

나도수정초는 지상에 모습을 보이기 전까지는 지하에서 생활하며, 수목의 뿌리와 공생하는 균류에게서 영양분을 얻는다. 봄에서 여름에 거쳐 지상에 모습을 보이는데, 광합성을 하지 않기 때문에 녹색 클로로필이 없어 하얀색이다. 높이는 10센티미터 정도로 버섯과 비슷하다. 하얀색이지만 전체적으로 투명감이 있기 때문에 유령 같은 이미지가 풍긴다고 해서 '유령버섯'이라는 별명도 있다. 또 버섯의 삿갓처럼 생긴 부분이 꽃이기 때문에 '유령꽃'이라고도 한다. 이 꽃의 색이나 모양에서 은색으로 빛나는 용의 모습이 떠오른다고 하여 일본에서는 나도수정초를 '은룡초(銀龍草)'라고 한다.

으름난초는 난과의 식물로 뽕나무버섯 등 버섯의 균계에서 영양분을 섭취한다. 부생식물이기 때문에 지상부에 잎은 없고, 초봄에 지상으로 꽃줄기가 나와서 꽃을 피운다. 키는 큰 편으로 50센티미터 이상으로 자라며 1미터 가까이 되는 것도 있다. 가을에는 10센티미터 정도 크기의 새빨간 열매가 방울처럼 열린다. 이 열매의 색이나 모습이 으름덩굴과 닮았기 때문에 '으름난초'라 이름 지어졌다. 열매 안에는 작은 씨앗 몇만 알갱이가 담겨 있다.

• 나도수정초

• 으름난초

참고문헌

- Galston, A. W., Life processes of plants. (1994) Scientific American Library
- Wareing, P. F. & Phillips, I. D. J., 후루야 마사키(감수/번역) 『식물의 성장과 분화植物の成長と分化』(상, 하), 学会出版センタ-, 1983년
- 다키모토 아츠시, 『빛과 식물光と植物』, 大日本図書, 1973년
- 다나카 오사무, 『녹색 속삭임緑のつぶやき』, 青山社, 1998년
- 다나카 오사무, 『꽃봉오리의 생애つぼみたちの生涯』, 中央公論社, 2000년
- 다나카 오사무, 『신비로움의 식물학ふしぎの植物学』, 中央公論社 2003년
- 다나카 오사무, 『퀴즈 식물 입문クイズ 植物入門』, 講談社, 2005년
- 다나카 오사무, 『입문 즐거운 식물학入門たのしい植物学』, 講談社, 2007년
- 다나카 오사무, 『잡초 이야기雑草のはなし』, 中央公論社, 2007년
- 다나카 오사무, 『잎의 신비로움葉っぱのふしぎ』, SBクリエイティブ, 2008년
- 다나카 오사무, 『도시의 꽃과 나무都会の花と木』, 中央公論社, 2009년
- 다나카 오사무, 『꽃의 신비로움 100花のふしぎ100』, SBクリエイティブ, 2009년

- 다나카 오사무, 『식물은 대단해植物はすごい』, 中央公論社, 2012년
- 다나카 오사무, 『씨앗의 신비로움タネのふしぎ』, SBクリエイティブ, 2012년
- 다나카 오사무, 『과일 한 가지 이야기フルーツひとつばなし』, 講談社, 2013년
- 다나카 오사무, 『식물의 훌륭하게 사는 법植物のあっぱれな生き方』, 幻冬舎, 2013년
- 다나카 오사무, 『식물은 목숨을 건다植物は命がけ』, 中央公論社, 2014년
- 다나카 오사무, 『식물은 인류 최강의 파트너植物は人類最強の相棒である』, PHP研究所, 2014년
- 다나카 오사무, 『식물의 신비한 파워植物の不思議なパワー』, NHK出版, 2015년
- 다나카 오사무, 『식물은 대단해 7대 불가사의 편植物はすごい 七不思議篇』, 中央公論社, 2015년
- 후루야 마사키, 『식물의 생명상植物的生命像』, 講談社, 1990년
- 후루야 마사키, 『식물은 무엇을 보고 있는가植物は何を見ているか』, 岩波書店, 2002년
- 가토 미사코, 『식물생리학植物生理学』, 裳華房, 1988년

똑똑한 식물학 잡학사전

1판 1쇄 발행 2024년 6월 15일
1판 2쇄 발행 2024년 6월 25일

지은이 다나카 오사무
옮긴이 김수경
펴낸이 이재두
펴낸곳 사람과나무사이
등록번호 제2024-000012호
주소 경기도 파주시 회동길 508(문발동), 스크린 405호
전화 (031)815-7176 **팩스** (031)601-6181
이메일 saram_namu@naver.com
표지디자인 박대성
영업 용상철
인쇄·제작 도담프린팅
종이 아이피피(IPP)

ISBN 979-11-88635-99-3 03480